文案作者

苏钰琁

1993年生，云南永仁人。写小说，写散文，写剧本。曾获第三届全国优秀儿童电影（动画片）剧本奖等。系云南省作家协会、云南省电影家协会会员。

“科普贴士”作者

杨祝良

国务院政府特殊津贴专家，国家杰出青年基金和中国科学院百人计划获得者，中国科学院昆明植物研究所二级研究员、博士生导师。主要从事真菌多样性进化与资源利用研究。曾任中国科学院植物多样性与生物地理学重点实验室主任、中国菌物学会副理事长和菌物多样性与系统学专业委员会主任，现任云南省真菌多样性与绿色发展重点实验室主任、*Fungal Diversity* 主编、《菌物学报》和《菌物研究》副主编、国际真菌命名法委员会委员等。完成国家和省部级科研任务51项，出版论著300余篇（册），获国家发明专利15件。曾获省部级一、二等科技奖5项，获全国先进工作者称号、全国五一劳动奖章、北美真菌学会外籍荣誉会士等。

“食谱贴士”作者

张豫昆

师从云南四大名厨之一王富，擅长滇味热菜、工艺凉菜、食品雕刻等，在昆明饭店工作至退休。著有《滇味大全》《云南烹饪史略》等多部滇菜专著。

插画作者

简月宁

绘本创作者、跨媒介艺术家、自然教育工作者。毕业于中国传媒大学、伦敦艺术大学和英国皇家艺术学院。具有丰富的科研及科普绘画创作经历，关注人与自然的联结。作品兼具艺术性与科学性，用细腻灵动的笔触勾勒自然万物之美，以深入浅出的方式探索科学之奥秘。曾为国内外多个科研期刊创作封面，作品多次入选科普专题展览，出版图书有“陪孩子淘自然”系列博物启蒙丛书等。

滇菌俏

苏钰璇 杨祝良 张豫昆 著
简月宁 绘

云南人民出版社

迪庆
丽江
怒江
大理
楚
保山
临沧
德宏
西双版

昭通
曲靖
昆明
玉溪
文山
红河

目录

科普贴士

食谱贴士

科普贴士

在真菌分类学中，干巴菌称为干巴糙孢革菌（*Thelephora ganbajun*）。

云南著名的野生食用菌。据文献记载，该菌有抗氧化作用。分布于云南中部和南部，夏秋季生于亚热带针叶林或针阔混交林中地上，一般长在云南松等树木下。

新鲜个体高 2—5 cm，直径 4—10 cm，革质，从基部生出多个分枝；分枝扁平，平截，匙状至花瓣状；上表面或内侧面灰黑色至深灰色，有时近黑色，粗糙，具不规则皱纹，顶端浅褐色至灰白色；下表面或外侧面黑色至灰黑色，平滑至稍皱，有时有瘤状凸起；菌肉灰色至浅灰色，受伤后不变色，有特殊的香味或土腥味。菌柄短或阙如。担子 40—50 × 7—8.5 µm，棒状，4 孢。担孢子 5—8 × 4.5—7 µm，近椭圆形，黄褐色，多角，表面具刺状纹饰。锁状联合常见。

从复活一棵枯木开始

第一场春雨降临前，斜杵森林中的栎木早已做好了复活的准备。它死去多年，倒伏于此，从枯至朽，却未与森林告别。仍然屹立时，它被称为“树”，蜜蜂、松鼠、猫头鹰都与它亲密无间。可是现在，它已然死亡，变成了“木头”。寄居者陆续搬了新家，访客渐渐变成了鼹鼠、白蚁、天牛等等。还有一些不起眼的家伙，在春雨的怂恿下，悄无声息就铺满了树的缝隙。

一双云南人的手抚上了栎木——不得不说，这双手很沉稳，显得主人成竹在胸。栎木也很沉稳，因为它清楚地知道，这个人，上年他们就认识了。

春雨主导的复活仪式当然还未完成。栎木和云南人都在等待。栎木感觉到，有一些孢子正从它的皮肤里生长出来，甚至只在打个盹儿的工夫，这种生机就已铺满了它。不同于为动物提供庇护，这些孢子，或者更准确

云腿炒干巴菌

食谱贴士

主料： 鲜干巴菌 300 克、肥瘦云腿 50 克

调料： 青辣椒、精盐、味精、猪油适量

制法：

1. 干巴菌拣去杂质用手撕成筷尖大小的条，放在清水中搓揉均匀淘洗一遍，然后用清水漂洗三四遍，滤尽泥沙，挤去水分。青辣椒切成筷尖大小的丝，云腿切成细丝。

2. 炒锅置于中火上，先将干巴菌放入煸熟，起锅放在钵中。炒锅内注入猪油适量，油烧热时放入云腿丝、青椒丝炒熟，再放入干巴菌，加入适量精盐、味精炒拌，将锅颠翻几下即可起锅装盘。

些，称它们为“真菌”，实打实让栎木感到了“枯木逢春”的力量。栎木参与了这段生长，并且厥功甚伟，可以说没有它，就不会有这些小家伙的诞生。因此，即便它贪婪地将此视为自身的复活，也无人反对。

“香菇冒头了！”云南人笑起来。这意味着，一年一度的野生菌季正式拉开序幕。

一两天的工夫，头水香菇就只空留余香了。连朝春雨伴和风，又催生新一茬香菇，挨挨挤挤，爬满了枯朽的枫树和水冬瓜树。栎木不再是这片森林中唯一的幸运

青头菌

科普贴士

在真菌分类学中，青头菌称为绿红菇或变绿红菇(*Russula virescens*)。

欧亚各国的著名野生食用菌。分布于云南大部分地区，夏秋季生于针叶林或针阔混交林中地上，常长在云南松等树木下。

菌盖直径3—10 cm，扁半球形至平展，中央常稍下凹，表面浅绿色、绿色至灰绿色，表皮常斑块状龟裂，湿时稍黏，边缘老时有辐射状条纹；菌肉白色，不变色，不辣。菌褶白色，较密，等长。菌柄长2—8 cm，直径1—2.5 cm，白色，近光滑。担子35—50×6—9 μm，棒状，4孢。担孢子6—8×5.5—6.5 μm，宽椭圆形，有淀粉质的离散小疣，疣间偶有细连线。囊状体60—90×8—12 μm，纺锤形至披针形，顶端常缢缩。锁状联合阙如。

儿，它嗅到了老友的勃发。它们被香菇覆满了生命。

云南的雨总是行踪诡秘的。今天的雨下东不下西，明天的雨虽落了，却只轻丝丝飘至眼前两滴。即便第一阵春雨诚意欠佳，山里人还是会把歇息了一个冬天的竹篓从草楼摘下来，磕去灰尘，加固背索，装好手电筒、干粮和雨衣，等待下一场随时可能到来的、酣畅的春雨。他们身体里的闹钟已埋藏了整个冬天，到了该响铃的时候。根据野生菌生长的种类，在凌晨三四点，闹钟会催促着他们，从暖乎乎的被窝里拱出来，穿上带着凉意的衣服，背好竹篓，循着久违的记忆，摸黑进山。

常年采菌的人，自有一套神奇的生物钟，无论什么天气，日出或早或晚，他们总能适时醒来，并在天色将明的时候，准确到达生长野生菌的地方。香菇唤醒的不仅是枯木的生命，还有采菌人的柔情。从粗粝中探寻鲜嫩，是采菌人的浪漫。

太阳渐渐升高了，采菌人背着满满的香菇，尽兴而归。刚到山脚，有人骑了摩托，有人搭了面包车，朝集市而去。乘车的人一般会把香菇直接送到城里的菜市场，并且在出现的第一时间就被眼尖的买主瓜分得一干二净。骑摩托的香菇往往到不了城里，才至半途，就会被路人拦下买走。香菇会让人尝到枯寂冬日后的第一口鲜甜。

自香菇之后，枯木和断枝上，肥厚的木耳、密叠如扇的白参陆续冒头，树脚跟、草木丛和绿草坡，有羊肚

云腿烩青头菌

食材

鲜青头菌

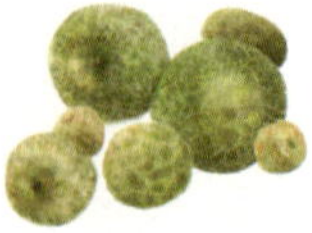

蒜瓣

云腿

青辣椒

食谱贴士

主料： 鲜青头菌 500 克、云腿 40 克、上汤 200 克

调料： 青辣椒、蒜瓣、精盐、鸡精、胡椒粉、水淀粉、猪油适量

制法：

1. 削去青头菌根部的泥沙，用小刷子刷去菌盖上的污物，不要泡着洗，用流水冲着刷洗净。然后改刀成一寸大的块。青辣椒切小块，蒜瓣切片，云腿切片。

2. 热锅入油，油热后放入云腿片，炒熟后下蒜片、青辣椒炒香，然后放入青头菌炒透拌匀，加入精盐、鸡精、胡椒粉，炒匀后注入上汤，烧至菌熟透后，注入水淀粉勾二流芡即可收汁出锅。

菌、大脚菇、葱菌、青头菌、奶浆菌、鸡油菌、干巴菌、虎掌菌、鸡㙡、松露等野生食用菌次第而出，直到初冬季节才菌香渐远。

云南地处中国西南边陲，地形地貌复杂，山区半山区面积占94%，从南到北形成7个气候类型，降水充沛，雨热同季，适宜各类生物繁衍生息，包括野生菌。经过数代人一个多世纪的研究，人们对云南野生菌也有了大致的认识：种类多，分布广，产量大。据统计，云南野生菌有124科599属2753种，占全国已知大型真菌总数

松茸

科普贴士

真菌分类学中松茸又名松口蘑(*Tricholoma matsutake*)。

著名野生食用菌，是东亚各国特别是日本消费者备受青睐的山珍。分布于云南中部及西北部，夏秋季生于针叶林或针阔混交林中地上，与云南松、高山栎等植物形成共生互惠的关系。

菌盖直径 7—15 cm，扁半球形至平展，中央稍凸起，表面密被黄褐色至暗褐色鳞片；菌肉白色，受伤后不变色。菌褶弯生，白色至奶油色。菌柄长 10—20 cm，直径 1.5—3 cm，白色至污白色，被深褐色至淡褐色鳞片，上部有膜质菌环。担子 25—30×6—8 μm，棒状，4 孢。担孢子 6.5—7.5×5.5—6.5 μm，宽椭圆形，非淀粉质。锁状联合阙如。

的57.4%。其中，云南野生食用菌约有900种，占世界食用菌物种数的36%，占中国食用菌物种数的90%。

野生菌既不是动物也不是植物，它自成一国。最早，亚里士多德（前384—前322）认为“生命之树”应该分成两枝，一边是动物，一边是植物。若按这套理论，野生菌显然不是动物，只能被归入植物类。1735年，瑞典生物学家卡尔·冯·林奈出版《自然系统》，把自然界分为三大界，即矿物界、植物界和动物界，生物界则只有动物和植物两界。由于林奈在生物学上的巨大影响，自那之后的200多年间，野生菌所属的真菌一直被归入植物界。1886年，德国生物学家海克尔提出三界学说，植物界、动物界和原生生物界。海克尔虽没有给野生菌明确归类，但1969年，魏特克在此基础上提出五界分系统，野生菌从此有了自己独立的归属——真菌界。蘑菇是真菌的典型代表，冬虫夏草也是一种特殊类型的真菌，它们都不是植物。冬虫夏草是一种寄生真菌，它在冬季寄生于特定昆虫体内，并在夏季生长出来，但这并不意味着它是植物。

“朝菌不知晦朔。”于庄子而言，野生菌仅是一种生命短暂的物类。但我想，庄子一定未曾到过云南，否则，他恐怕不会发出这般慨叹。一朵野生菌的生命或如昙花，可在云南苍莽森林中，野生菌子子孙孙无穷尽也，聚成了无比灿烂的生命体量，勃发着令人震撼的生命力量。

松茸刺身

食谱贴士

主料： 鲜松茸 300 克

调料： 芥末酱、味极鲜酱油、小米辣末适量

制法：

1. 用小刀刮去鲜松茸根部的泥沙，撕去菌体的深色表层，用清洁纸巾拭去表面的泥沙。千万不可放水里清洗，否则会冲淡松茸的香味及养分。

2. 鲜松茸顺长切片整齐地摆入盘中，加盖入冰柜降温。

3. 将芥末酱、味极鲜酱油、小米辣末兑成蘸汁，与盛松茸的盘一起上桌，蘸食。

朝菌闻道，夕死无悔也未可知。

吴刚编著的《云南野生菌》一书中介绍："由于云南地跨热带和亚热带，同时境内又有亚高山温带和高山寒温带气候类型，野生食用菌的种类南北有异，这是我国其他省份所不能媲美的。在滇南低海拔的热带和南亚热带地区，重要的野生食用菌有暗褐脉柄牛肝菌、环柄韧伞、细鳞韧伞、真根蚁巢伞、白蚁谷堆蚁巢伞、灰肉红菇、细柄丝膜菌等。人们熟知的野生食药用菌，如松茸（松口蘑）、牛肝菌、枝瑚菌、乳菇、红菇、羊肚菌等主

黑帽鸡㙡

科普贴士

在真菌分类学中，黑帽鸡㙡称为白柄蚁巢伞、球盖鸡㙡、火把鸡㙡（*Termitomyces albiceps*）。

著名野生食用菌，分布于云南中部和南部，夏季生于热带和亚热带地上，假根与地下白蚁巢穴相连。多见于林中，也见于玉米地、甘蔗地中。

菌盖直径 12—20 cm，中央圆钝凸起，表面近黑色、灰褐色至黄褐色，有辐射状撕裂，边缘内卷；菌肉白色，受伤后不变色；菌褶离生，幼时白色，成熟后粉色，稠密。菌柄长 5—15 cm，直径 3—5 cm，白色，表面常被纤丝状鳞片，基部加粗；假根长，表面褐色。担子 25—30 × 7—8 μm，棒状，4 孢。担孢子 6—8 × 4.5—5.5 μm，卵形至椭圆形，光滑。锁状联合阙如。

要分布在滇中和滇西北的林中，而喜山丝膜菌、黄褐鹅膏、假红汁乳菇、横断山乳菇、冷杉乳菇、云杉乳菇、网盖牛肝菌、环柄蜡伞、老君山线虫草、中华肉球菌等仅见于亚高山地区，药用菌冬虫夏草菌仅生于亚高山-高山草甸上。云南的野生真菌中，仅蘑菇目和牛肝菌目的真菌迄今已知上千种，但大多数种的经济价值尚不明确，有待研究。”

云南境内，从海拔最低点 76.4 米的红河河口，到海拔最高点 6740 米的梅里雪山主峰卡瓦格博峰，相差 6663.6 米。“一山分四季，十里不同天。”立体气候不仅令植被蓬勃，也为不同野生菌的生长提供了优越环境。那么，云南到底有多少种食用野生菌呢？你一定奇怪，前面不是已经介绍过了吗？我为何再次发问？事实上，前文所述的 900 种，仅能代表目前的大致数字。随着研究的深入，这个数字只会不断上升。野生食用菌新物种，近年来还时有发现。薄囊体多汁乳菇、热带中华多汁乳菇等，就是新近发现的野生菌种类。正因为拥有着不可思议的野生菌种类和数量，云南才成就了“野生菌王国”之名。

人有忠奸，菌分好坏。好菌养人，不仅味道鲜美，还具保健、药用价值。如黑松露，能增强免疫力、抗衰老、抗肿瘤；如松茸，能强身健胃、理气化痰；如虫草，能调节免疫力、镇静催眠、润肺补肾、抗肿瘤、降血糖；如白参，能消炎、能滋补；如虎掌菌，能降低胆固醇。

油鸡㙡

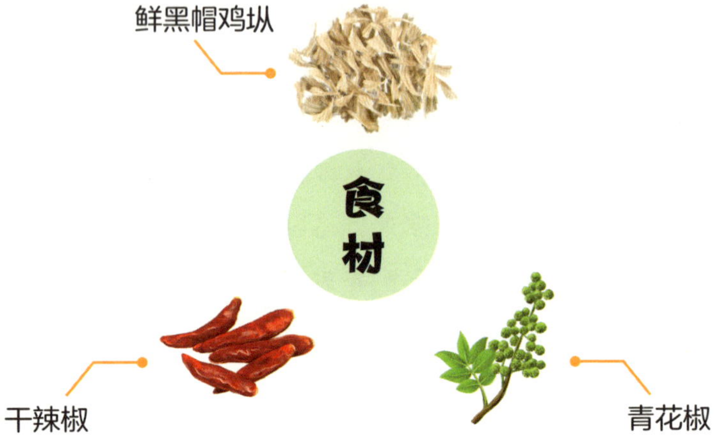

食谱贴士

主料： 鲜黑帽鸡㙡 500 克

调料： 花生油、精盐、青花椒、八角、干辣椒段适量

制法：

1. 将鲜鸡㙡洗净，改成筷头粗的寸条，滤去水分，加入精盐拌匀腌 15 分钟。

2. 热锅注入花生油，加入干辣椒段、青花椒、八角炸香，放入挤去水分的鸡㙡菌条，用小火慢慢熬炸，同时不断翻匀，以防炸焦，待鸡㙡香气四溢微黄时即成。

坏菌毒人，轻微者上吐下泻，幻觉中小人人满世界跳舞；严重者肝、肾功能衰竭，中枢神经麻痹，直接抬走埋山山。

对于好菌，云南人不吝赋予它们额外的浪漫。香格里拉流传着“雪莲与松茸”的故事。相传在很久很久以前，天山上生活着一群妙龄少女。她们白天登山，采集高山奇宝，入夜在屋里载歌载舞。这群少女中，最美丽迷人的叫雪莲。有一次，雪莲发现雪山峭壁上有一朵硕大奇美的鲜花，她想去采摘，却不小心跌入谷底，昏死过去。

黄皮鸡㙡

科普贴士

在真菌分类学中，黄皮鸡㙡称为球根蚁巢伞（*Termitomyces flavus*）。

野生食用菌，夏季生于亚热带地上，假根与地下白蚁巢穴相连。分布于云南中部和南部。白蚁的共生菌。

菌盖直径 10—22 cm，扁半球形至平展，表面淡褐色至黄褐色，中央有圆顿凸起且颜色较深；菌肉白色，不变色。菌褶离生，幼时白色，成熟后淡粉色。菌柄长 3—12 cm，直径 0.8—6 cm；假根近圆柱状，白色至淡褐色；在假根与菌柄衔接处往往膨大呈近球形，直径 3—9 cm。担子 17—22 × 6—8 μm，棒状，4 孢。担孢子 6—9 × 4—6 μm，卵形至椭圆形，非淀粉质。锁状联合阙如。

等雪莲醒来，身边站着一位英俊少年，手里拿着那朵美丽的花和两株松茸。少年让雪莲就着雪水嚼服松茸，奇迹发生了，本已瘫软的雪莲得到了无穷活力，立刻站了起来。人们从此便知，松茸能治病救人。而那朵美丽的花，也有了名字——“雪莲”。好菌品性太高洁，云南人当然不忍心把其他野生菌想得太坏。于是，每年被坏菌所惑者无数。根据我国食源性疾病监测报告系统披露的数据，从2010年至2020年，全国共有38676人菌子中毒，云南人就占了其中的43.6%。也就是说，在10年时间内，每5个菌子中毒的人里，就至少有2个来自云南。偏云南人还不信邪，只要今年不是自己躺板板，明年照吃红伞伞，直把云南真菌中毒的医疗水平吃出了“云南经验”。为了预防野生菌中毒，云南省政府不仅每年多次群发短信提醒，云南省疾控中心还根据全省野生菌中毒数据、各地有毒野生菌种类，将129个县划分为高中低3个风险等级，实施分级防控管理，尤其对澜沧、墨江、新平、华宁、宜良等（来源：2023年云南省卫健委官网，云南省有毒野生菌中毒风险分级地图）几个往年菌子中毒高发的“显眼包”地区，加强监测、精准干预。归根结底，只能说云南人爱菌，是实打实用生命在爱的。

云南人说菌，必是天生地养的野生菌，不会有云南人将人工种植菌单称作“菌”。云南人说菌，读音也特别，但凡听人说“jier”“juer”（菌儿），不用多想，一定是云

气锅鸡㙡

鲜黄皮鸡㙡

食材

水发干贝

熟瘦云腿

食谱贴士

主料： 鲜黄皮鸡㙡 300 克、熟瘦云腿 30 克

辅料： 上汤 800 克、鸡油 20 克、水发干贝 15 克

调料： 精盐、胡椒粉适量

制法：

1. 分别用白纸巾包住鸡㙡秆的一端，削去外皮，擦去表皮泥沙（鸡㙡不能水洗），改成滚刀块，云腿切成马眼片。

2. 气锅用沸水洗净，放入鸡㙡、云腿、水发干贝，注入上汤，加精盐、胡椒粉调味，淋入鸡油拌匀，盖上盖，上笼用旺火将鸡㙡蒸熟即可出笼上桌。

南人在谈论野生菌。很多省外的朋友会把“菌”和“蘑菇”混为一谈，但在云南人心中，蘑菇大多有人工痕迹，与野生菌有着天壤之别。

吃菌、捡菌、买菌，是每个云南人的必修课。我虽学无所成，但亦有心与菌同乐，与君同乐。

白参

科普贴士

在真菌分类学中，因为白参的菌褶干燥时会自菌褶边缘裂开并外卷，故称为裂褶菌(*Schizophyllum commune*)。

可食，可入药，具有消炎、滋补等作用。分布云南各地，是适应性特别广的一种真菌，长于各种腐木上，几乎各个季节都可见到。可人工栽培。

菌盖直径 1—4.5 cm，扇形，掌状，常放射状瓣裂，表面幼时白色或灰白色，成熟后淡灰色或浅褐色，密被同色硬毛状鳞片；菌肉白色，薄，韧，革质，受伤后不变色。菌褶白色、灰白色至淡褐色，边缘波状，受伤后不变色，干时从褶缘向内纵裂而外卷。菌柄无或较短。担孢 15—20 × 4—6 μm，窄棒状，4 孢。担孢子 4—6 × 1.5—2 μm，近圆柱形，光滑。锁状联合常见。

破土：食菌史话

破土，是每年野生菌家族必不可少的生长课题。至于人类与野生菌的渊源，可追溯到公元前7000—前5000年。20世纪70年代，浙江余姚河姆渡遗址中发掘出了菌类遗存物，它与稻谷、酸枣等收集在一起，由此可见，史前的人类就已经开始采集食用菌作为食物。旧石器时代的原始人类已大量采集菇类，用以果腹充饥。郭沫若在《中国通史》中就记录了这样的情景。

中国人好吃。云贵地区有巨型豆荚名为榼藤子，长度可达一米，要反复水煮九次方能去毒食用，与辣椒、嫩韭菜一同爆炒，口感似坚果，闻起来富含杏仁香。为了这口香，不知多少人多少年反复尝试，才得出这反复水煮九次的经验。20世纪，三峡地区有道硬菜名为嗦丢儿，可以“一菜传三代，人走菜还在”，食材是鹅卵石。当地人把鹅卵石捞起来，洗干净后放葱、姜、蒜、胡椒、

白参蒸鸡蛋

食材

新鲜白参

鸡蛋

食谱贴士

主料： 新鲜白参50克、鸡蛋3个

调料： 小葱花、精盐、味精、胡椒粉、猪油适量

制法：

1. 白参用水浸泡透，清洗干净，挤去水分。

2. 鸡蛋搕入碗中，注入适量的清水，加进精盐、味精、胡椒粉、猪油搅拌均匀。

3. 将洗净的白参切成小片，放入鸡蛋液中拌匀。置蒸锅中，用中火蒸至熟透取出，撒上小葱花即可。

辣椒、盐等作料翻炒，用以下酒。石头嗦一下就丢，顾名思义。这一方面说明当时生活的清苦，另一方面也可窥知当地人对吃的执着。

时至今日，野生菌仍能端上中国人的餐桌。应该说，它的美味历经千年验证。

一开始，人们刚了解菌菇的生长习性时，菌菇的形象还是“朝菌不知晦朔，蟪蛄不知春秋”（《庄子·逍遥游》），或是“朽壤之上，有菌芝者，生于朝，死于晦”（《列子》）。渐渐地，菌菇进入美食谱系，便开始出现关于味道的描述，诸如“味之美者，越骆之菌”（《吕氏春秋》），“食所加庶，羞有芝栭”（《礼记》），“齐文宣帝凌虚宴，取香菌以供品味”（《云仙杂记·凌虚宴》），等等。

厨师界普遍公认的师祖伊尹，是历史上第一个以负

鸡油菌

科普贴士

在真菌分类学中，在“鸡油菌”这一名下实际上包括了多个物种，云南产的菌盖黄色的鸡油菌多为平盖鸡油菌(*Cantharellus applanatus*)。

著名野生食用菌，分布于云南各地。夏秋季生于针叶林或针阔混交林中地上，与树木形成共生关系，对树木有较大依赖性。

菌盖直径 3—6 cm，扁球形至浅漏斗状，表面杏黄色至鲜黄色，部分区域常褪色为污白色，近光滑，边缘波状或向下卷；菌肉黄色，受伤后不变色。籽实层体棱脊状至近褶片状，延生，鲜黄色至淡黄色，分叉，低矮。菌柄长 2—5 cm，直径 0.5—1 cm，淡黄色。担子 55—75 × 7—10 μm，细棒状，4—6 孢。担孢子 6—8 × 5—6 μm，椭圆形，光滑。锁状联合常见。

鼎俎调五味而佐天子治理国家的杰出庖人。伊尹幼年为奴，后寄养于庖人之家，得以学习烹饪之术，长大后成为精通烹饪的大师，并由烹饪而通治国之道，说汤以至味，成为商汤心目中的智者贤者，被任用为相，以至商朝开国元勋。《吕氏春秋·孝行览》载，伊尹曰："君之国小，不足以具之，为天子然后可具……和之美者：阳朴之姜，招摇之桂，越骆之菌，鳣鲔之醢，大夏之盐，宰揭之露，其色如玉，长泽之卵……非先为天子，不可得而具。天子不可强为，必先知道。道者止彼在己，己成而天子成，天子成则至味具。"菌作为当时调料中的美味，第一次上达天听，就给商汤上了一课。想来听讲之余，商汤也在鲜美的菌汤里体味到了"致中和"的治国之理。

商汤食菌，想的是天下；后人食菌，想的或许只是美味。

清朝喻长霖在《台州府志》中引用了《台州外书》的记载："南宋时，仙居之菌为异品，尝以充贡。"也就是说，早在南宋，台州的菌菇就凭借美味成为贡品。菌菇之味，鲜是重头。随之而来的难关就是，怎么把菌菇运到都城不损其鲜，从而让天子和王公贵族吃得满意，时刻记着台州的好。可别小看老祖宗的智慧，南宋周密《癸辛杂识》载："天台出桐蕈，味极珍，然致远必渍以麻油，色味未免顿减。诸谢皆台人。尤嗜此品，乃并舁桐木以致之，旋摘以供馔。"桐蕈就是现在说的香菇。

鲜核桃仁爆鸡油菌

食材

鲜鸡油菌

红灯笼辣椒

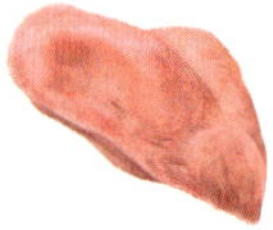
嫩鸡脯肉

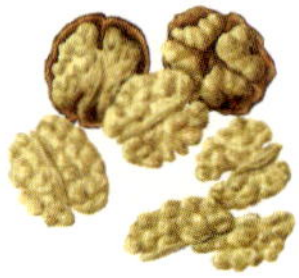
鲜核桃仁

食谱贴士

主料： 鲜鸡油菌300克、鲜核桃仁100克

辅料： 红灯笼辣椒30克、鸡蛋清1个、嫩鸡脯肉80克

调料： 精盐、味精、胡椒粉、上汤、水淀粉、白砂糖、芝麻油、蒜片适量

制法：

1. 鸡油菌去根洗净，撕成块；红灯笼辣洗净去把、去籽切成马眼块；鲜核桃仁用牙签挑去外皮洗净；嫩鸡脯肉洗净片成薄片盛入碗内，加入蛋清和适量的精盐、味精、胡椒粉、水淀粉拌匀捏透。

2. 取小碗注入适量上汤，加入精盐、味精、胡椒粉、水原来，宋帝喜好的是长在枯木上的香菇，于是连窝端起，让人抬着枯木，马不停蹄地运送至都城，现场采食。

如此“高超”的菌菇保鲜技术，明熹宗学以致用。明熹宗朱由校很爱吃云南的鸡㙡菌，可惜鸡㙡长在土里，没法像香菇一样连同枯木运输，便安排亲信大臣专门到云南，将现采集的鲜鸡㙡收在一起，再派专人通过各地

淀粉和白砂糖拌匀，兑成碗芡。

3. 热锅入油，烧至四成热时分别将鸡片、鸡油菌、鲜核桃仁放入，滑熟后倒入漏勺中。

4. 锅留底油，依次将蒜片、红灯笼辣椒下入炒香，接着把滑好的鸡油菌、核桃仁、鸡片放入拌匀，注入兑好的碗芡，翻炒均匀，淋上芝麻油即可装盘。

北风菌

科普贴士

北风菌，又名冷菌，因为喜好较低温度的环境而得名，在真菌分类学中称为玉蕈离褶伞(*Lyophyllum shimeji*)。

美味野生食用菌，分布于云南中部和北部，夏秋季生于亚热带针阔混交林或亚高山针叶林中地上。

菌盖直径 3—10 cm，幼时半球形，后逐渐平展，表面灰色或浅褐色至暗褐色，近光滑；菌肉白色或灰白色，受伤不变色。菌褶弯生，初期白色，成熟后灰白色至淡灰色，受伤不变色。菌柄长 5—12 cm，直径 0.5—2 cm，白色或灰白色，表面光滑或具同色纤维状鳞片。担子 26—38 × 7—9 μm，棒状，4 孢。担孢子 5—6 × 5—5.5 μm，球形、近球形至宽椭圆形，光滑。囊状体阙如。锁状联合常见。

的驿站，飞马向京中传送，与“一骑红尘妃子笑”异曲同工。鸡枞得来不易，当然不是人人吃得，“熹宗只让太监魏忠贤品尝鸡枞，连张皇后都尝不到”（清《旅滇闻见录》），实为山珍。

除此之外，明惠宗朱允炆亦曾在云南武定留下一段与野生菌的逸闻。据传，朱允炆被朱棣夺了皇位之后，逃到云南武定狮子山削发为僧，后至南华寺传经。途中，朱棣派刺客潜入寺中香积厨，在做好的“巴掌菌”里下毒，想要毒死朱允炆。朱允炆一边吃饭，一边和南禅法师叙话，就把一盘“巴掌菌”吃得干干净净。不一会儿，朱允炆昏昏欲睡。南禅法师以为他路途辛劳，便让他独自歇息。第二天，朱允炆醒来，不再头昏乏力，甚至如常在寺中开坛讲经。刺客放的毒药，竟被“巴掌菌”消解了。有人说，这是天上的玉皇大帝算到有人要毒害朱允炆，提前派金虎星下凡营救。金虎星来到南华寺外山林悬崖边，把自己走过的脚印变成菌子，任小和尚采回，做成一道现炒的鲜菌，救了朱允炆一条命。此后，当地百姓也将“巴掌菌”称作“虎掌菌”。虎掌菌个头肥厚，呈黄褐色伴鳞片状花纹，形似虎掌，菌如其名。名字威风，菌肉却细嫩，营养丰富，还有追风散寒、舒筋活血的功效，再加上它水分少、不生虫，便于收集加工，因此成为多朝贡品，备受追捧。帝王们天命神授，正需要金虎星的幸运加持。再者说，吃完虎掌菌，通体舒泰，谁又能不爱呢？

鸡丝北风菌

食谱贴士

主料： 鲜北风菌 350 克、嫩鸡脯肉 60 克

辅料： 红灯笼辣 30 克、蛋黄糕 15 克

调料： 蒜片、鸡蛋清、水淀粉、花生油、精盐、味精、胡椒粉、芝麻油适量

制法：

1. 北风菌去根，去泥沙、杂质漂洗干净，改成条片状挤去水分；分别将蛋黄糕、红灯笼辣切成丝。

2. 鸡脯肉洗净，切成丝盛入碗内，加入精盐、味精、胡椒粉、水淀粉、鸡蛋清拌匀捏透，腌 3 分钟待用。

3. 炒锅置旺火上，热锅注入花生油，待油烧至三成热时，上有所好，下必甚焉。皇帝都难挡云南野生菌的魅力，遑论文人骚客。

帝王食菌，说到底，吃的是一种至高的权力和财力。若无驿站飞马这样强大的专属物流系统，高坐庙堂，如何能吃到远在千万里之外的新鲜野生菌？文人食菌，为求鲜美，只能竞相寻访山林，体验自然，吃得更加纯粹，也吃出不少空灵意境。

下鸡丝滑散滑熟后捞入碗中。锅留底油，将蒜片、红灯笼辣丝放入炒香，随即倒入北风菌炒透，加适量的精盐、味精、胡椒粉拌匀。然后把滑好的鸡丝倒入，将锅颠翻几下，下水淀粉勾芡，滴入麻油拌匀，即可起锅装盘。

虎掌菌

科普贴士

在真菌分类中，虎掌菌称为翘鳞肉齿菌(*Sarcodon imbricatus*)。

地区性的著名野生食用菌，文献记载该菌有降低胆固醇的作用。分布于云南西北部，夏秋季生于亚高山针阔混交林中地上，与树木形成共生关系。

菌盖直径 5—15 cm，扁平至平展，中部常凹陷，表面淡褐色至褐色，被深色反卷鳞片，边缘波状、内卷；菌肉幼时近白色，成熟后污白色、淡灰色至浅褐色，厚达 1 cm，无特殊香味。籽实层体由密集的菌刺组成；菌刺长达 1 cm，幼时灰白色，成熟后淡褐色、褐灰色。菌柄长 3—7 cm，直径 2—4 cm，淡褐色至褐色。担子 30—45 × 7—8.5 μm，棒状，4 孢。担孢子 6.5—8 × 5.5—6.5 μm，宽椭圆形至近球形，表面具疣凸和小刺，褐黄色，非淀粉质。锁状联合常见。

大文豪苏轼是个老饕，深秋时节吃到黄耳菌，顿感漫山生机扑面，诗兴大发，写就《与参寥师行园中得黄耳蕈》：

遣化何时取众香，法筵斋钵久凄凉。
寒蔬病甲谁能采，落叶空畦半已荒。
老楮忽生黄耳菌，故人兼致白芽姜。
萧然放箸东南去，又入春山笋蕨乡。

从诗中可知，也许是深秋时节，落叶萧萧，菜地多为空置。此时，枯坐寺院中的苏东坡与参寥师忽然发现，一旁的朽木上面竟然生出几朵黄耳菌，喜不自禁，采而食之，饱餐一顿之后潇洒离去。

南宋吃货诗人杨万里的《蕈子》，仅用112字就写尽松茸的一生，有形有色有味：

空山一雨山溜急，漂流桂子松花汁。
土膏松暖都渗入，蒸出蕈花团戢戢。
戴穿落叶忽起立，拨开落叶百数十。
蜡面黄紫光欲湿，酥茎娇脆手轻拾。
色如鹅掌味如蜜，滑似莼丝无点涩。
伞不如笠钉胜笠，香留齿牙麝莫及。
菘羔楮鸡避席揖，餐玉茹芝当却粒。
作羹不可疏一日，作腊仍堪贮盈笈。

明代史迁若非亲身体验过上山捡菌，必不会写下充

香辣虎掌菌

食谱贴士

主料： 干虎掌菌 80 克

辅料： 咸方面包 60 克、韭菜头 30 克

调料： 红辣椒、精盐、味精、胡椒粉、芝麻油、花生油适量

制法：

1. 虎掌菌去根去泥沙洗净取出，再用清水（水不能多，淹没过虎掌菌即可）将其泡涨取出（泡虎掌菌的水留用），切为 1.5 厘米见方小方块。

2. 将红辣椒洗净，去把、去籽切为小方片；韭菜头洗净切为小粒；咸方面包切为 1 厘米见方的小方粒。

3. 炒锅置中火上，热锅放入虎掌菌块，慢慢煸香煸熟（边满野趣的《菌子诗追和杨廷秀韵》：

松花冈头雷雨急，坡陀流膏渍香汁。
新泥日蒸气深入，穿苔破藓钉戢戢。
如盖如芝万玉立，紫黄百余红间十。
燕支微匀滑更湿，倾筐盛之行且拾。
天随杞菊漫苦涩，采归芼之脱巾笠。

煸边加入泡虎掌菌的水）后取出。锅中注入花生油，将面包粒放入，炸至酥脆后连油一起倒入漏勺中。再在锅中放油，依次把红辣椒片、韭菜粒放入炒透，随即投入煸熟的虎掌菌，加入精盐、味精、胡椒粉拌匀煸炒几下，然后倒入炸好的面包丁，滴入芝麻油拌匀即可装盘食用。

刷把菌

科普贴士

在云南，在“刷把菌”这一名下实际上囊括了不下20种形似珊瑚的真菌。在滇中高原，最常见的是淡红枝瑚菌(*Ramaria hemirubella*)、朱细枝瑚菌(*R. rubriattenuipes*)、红柄枝瑚菌(*R. sanguinipes*)。

野生食用菌。分布于云南大部。夏秋季生于林中地上，与树木形成共生关系。

担子果高达8—15 cm，直径8—12 cm，多分枝。主枝2—3个，圆柱形或压扁；分枝3—6回，向上渐细，奶油色至浅赭色；枝顶粉红色至玫瑰粉色。菌柄长3—6 cm，直径1.5—5 cm，粗壮，污白色至奶油色；菌肉紧密，近白色，伤不变色。担子65—75×8—10 μm，细棒状，4孢。担孢子9.5—11.5×4.5—5.5 μm，长椭圆形至圆柱形，表面具纵斜条纹。锁状联合常见。上述形态描述反映的是淡红枝瑚菌的主要特征。

桑鹅楮鸡皆不及，蕈姑天花当拱揖。
盐豉作羹炊玉粒，先生饱饭踏晓日，
更遣樵青行负笈。

不怕粉丝多，就怕粉丝太有文化。南宋野生菌忠粉陈仁玉，眼看吃菌成了时髦有地位的象征，皇帝上瘾，官宦、士绅上头，唯独老百姓还不懂得野生菌到底好在哪里，又该如何分辨不同品类的野生菌，他大笔一挥，在33岁那年写出了世界上第一部食用菌专著《菌谱》，填补了菌类无传的空白。《菌谱》分11卷，翔实地记述了生长在台州一带的松蕈、竹蕈、玉蕈、鹅膏蕈，以及灵芝、茯苓等11种菌菇的产地、香味、形状、颜色、采摘时间等，还介绍了野生菌的烹饪方法，滋补、医疗效果，以及误食毒蕈后的急救方法。这本书不仅具有科学识菌的价值，在药学、烹饪方面也同样富有借鉴意义，是世界上现存最早的食用菌专著，也开创了我国菌类植物学的先河，影响深远。后被编入《四库全书》，也以《百川学海》《说郛》《山居杂志》《墨海金壶》《珠丛别录》《仙居丛书》等多种版本流传于世。

后来，明代的戏曲评论家、地理学家、诗人潘之恒，在《菌谱》基础上推出了《广菌谱》，可称之为菌类百科2.0版本，记述了119种菌菇，且有云南野生食用菌的专门记载。不过，以明朝时中原地区对云南的了解程度来推断，这个数字只怕是非常保守的估计。菌类百科3.0版

云腿烩刷把菌

食谱贴士

主料： 鲜刷把菌300克、瘦云腿30克

辅料： 豌豆尖50克、上汤200克

调料： 红辣椒、蒜瓣、鸡油、水淀粉、花生油、精盐、味精、胡椒粉、芝麻油适量

制法：

1. 刷把菌去根，去泥沙、杂草洗净，顺长撕成条状；分别将瘦云腿、红辣椒切成细丝；去皮蒜瓣切小片，豌豆尖去尖须、老茎，漂洗干净。

2. 炒锅置中火上，热锅注入花生油，待油温升至六成热时，下刷把菌条拉透后连油一起倒入漏勺中。锅中留少许油，本是清代吴林的《吴蕈谱》，可称三谱之中成书最晚而水平最高者。它以前两者为基础，不仅篇幅更长，描述更为细致，而且附录了不少掌故传说，内容丰富。

若非交通不便，云南野生菌必将更早闻名于世。无他，云南野生菌占中国食用菌三分之二，占全世界食用菌一半以上，是名副其实的“真菌王国”。喜食菌者来到云南，可不就是蝴蝶入了百花丛吗？明代三才子之首的状元杨慎（即杨升庵）遭贬，扶病上路，骑马近万里，

依次下云腿丝、蒜片、红辣椒丝炒香，注入上汤，加入精盐、味精、胡椒粉，放入拉好的刷把菌和豌豆尖稍烧，舀去浮沫，下水淀粉勾二流芡，淋入鸡油、芝麻油拌匀起锅。

猴头菌

科普贴士

在“猴头菌”名下，包括多个种，但主要有两种，我国各地广泛栽培的叫猴头菌（*Hericium erinaceus*），中国西南山区自然分布的为喜山猴头菌（*H. yumthangense*）。

可食，也可入药，用于治疗胃病。分布于云南西北部，夏秋季生于亚高山冷杉林中腐木上，为腐生菌。可人工栽培。

担子果高 8—12 cm，近头状，肉质，无柄；表面密被肉质软刺。刺长 0.6—1 cm，直径 0.1—0.2 cm，幼时白色至乳白色，成熟后浅黄色或淡褐色。菌肉黄白色，受伤不变色。担子 28—35 × 5—6 μm，棒状，4 孢。担孢子 5—6.5 × 4—5.5 μm，近球形至宽椭圆形，淀粉质，光镜下近光滑或稍粗糙，电镜下具有不规则的脊和疣凸。锁状联合常见。

抵达永昌卫（今云南保山）时，险些无法痊愈。恰逢时节，吃到鸡枞菌，惊为天上物，赋诗曰：“海上天风吹玉枝，樵童睡熟不曾知。仙翁近住华阳洞，分得琼英一两枝。”流离苦楚未磨平其风骨，鸡枞有幸成了杨慎寄情的慰藉。清代“性灵派三大家”之一的赵翼入滇，吃鸡枞后也发出了“老饕惊叹得未有，异哉此鸡是何族”的感叹。

到了当代，“作家里最会吃的，厨师里最会写的”汪曾祺，对野生菌也近乎到了痴迷的地步。他在《昆明的雨》中说“中吃不中看”的干巴菌，“入口便会使你张目结舌：这东西这么好吃”，“入口细嚼，半天说不出话来”；《昆明食菌》中则写，“雨季一到，诸菌皆出，空气里到处都是菌子气味”。

“我们中国人讲究吃，是世界第一。此非一人之言也，天下人之言也。”梁秋实先生此言，显然是总结了千百年来的经验。将这话拿来对任何一个中国人讲，想必没有人会否认。野生菌作为一个小众赛道，自古就被吃出花样和情怀，与其赞菌味美，不如说，中国人对美食的热爱，让菌拥有了自然以外的烟火之美。

从皇帝到达官贵人，再到骚人墨客，莫不对野生菌爱之如宝。他们吃菌，将其视为“山珍海味”中的山珍，由此而大快朵颐，这与生活在山中的老百姓吃菌，其实感觉是不完全相同的。寻常百姓什么时候开始食用野生菌，历史无人记录，也无法考证，但有一点可以肯定，一定是在

黑木耳炒猴头菌

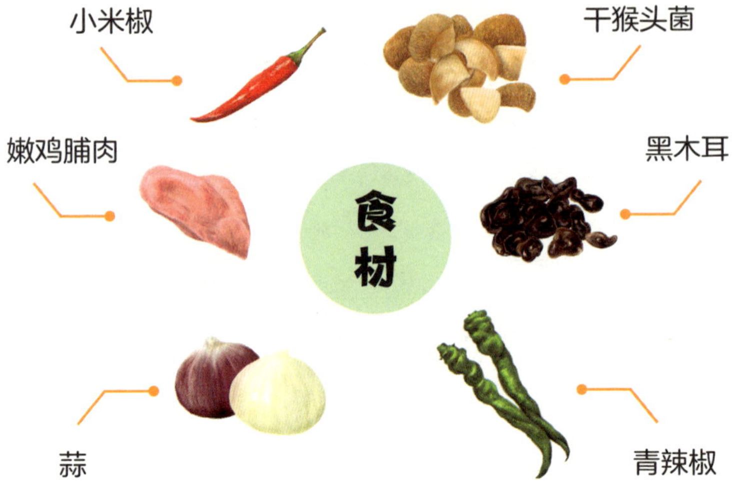

食谱贴士

主料： 干猴头菌200克、黑木耳30克

辅料： 嫩鸡脯肉60克、鸡蛋清1个

调料： 青辣椒、小米辣、蒜末、精盐、味精、胡椒粉、生抽、食用油适量

制法：

1. 猴头菇泡透后，切为片下沸水中焯熟，木耳泡发洗净后摘成朵状焯熟。

2. 嫩鸡脯肉切为片，加精盐、味精、胡椒粉、鸡蛋清、水淀粉拌匀捏透，下油锅滑熟取出，青辣椒切为片。

3. 热锅入油，放入蒜末、青辣椒、小米辣炒香后，依次这些王公贵族之前。云南本就多山，靠山吃山，这些生活在大山中的百姓，在生活潦倒之时，或是遇到自然灾害的时候，无论是树上的野果，还是地上的野菌，都是他们触手可及的食物，这不是为了品尝美味，仅仅是为了果腹。有时候，长期的营养缺乏，会让人水肿、乏力，富含多种营养成分的野菌，甚至成为他们的救命“稻草”。同样的美味，在不同的境遇之下，或许有着天壤之别呢。

投入猴头菇、木耳翻炒透，然后加入适量的生抽、精盐、味精、胡椒粉及滑熟的嫩鸡脯肉翻炒几下即成。

见手青

科普贴士

见手青，又名红见手、红葱。在真菌分类学中叫兰茂牛肝菌（*Lanmaoa asiatica*）。

美味野生食用菌，属于牛肝菌中的上品，深受广大消费者喜欢。但该种属于条件可食野生菌范畴，加工烹调不当食后会中毒，导致头疼、头晕、视幻等症状，消费者需要高度重视。分布于滇中高原及其周边地区，夏秋季生于亚热带云南松林中或针阔混交林中地上。

菌盖直径 5—11 cm，扁半球形至扁平；表面粉红色、红色至暗红色；菌肉有洋葱味，淡黄色，受伤后缓慢变淡蓝色至浅蓝色。籽实层体管状，较薄，厚度仅为菌盖中央菌肉厚度的 1/4—1/3；菌管及孔浅黄色，受伤后迅速变浅蓝色至蓝色。菌柄长 8—11 cm，直径 1—3 cm，顶端浅黄色至黄色，其余部位灰红色、褐红色至灰红宝石色，有时上半部具网纹。

云南人的家乡味

说到云南的野生菌，著名作家汪曾祺在《昆明的雨》中有这样的描述："牛肝菌下来的时候，家家饭馆卖炒牛肝菌，连西南联大食堂的桌子上都可以有一碗。牛肝菌色如牛肝，滑，嫩，鲜，香，很好吃。""青头菌比牛肝菌略贵，这种菌子炒熟了也还是绿色的，格调比牛肝菌高。菌中之王是鸡纵，味道鲜浓，无可方比。"抗战期间求学昆明的汪曾祺先生，离开云南40多年，一直忘不了昆明菌子的味道，凡有朋友到昆明，也要极力推荐尝尝野生菌。野生菌的魅力可想而知。

担子24—52 × 6—12 μm，棒状，4孢。担孢子9—11.5 × 4—5.5 μm，梭形，光滑。锁状联合阙如。

公爆红见手

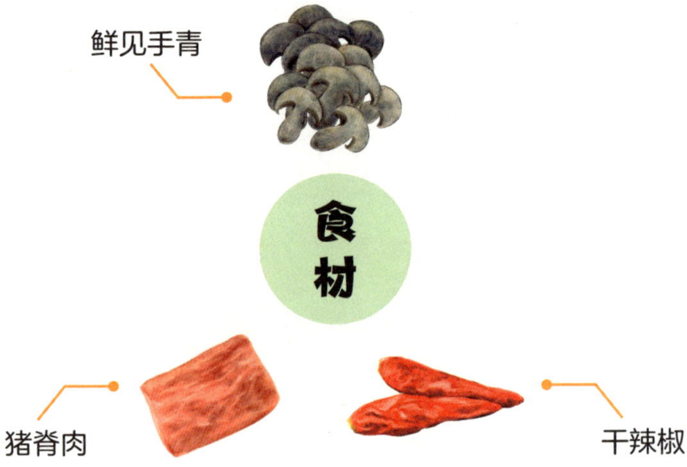

食谱贴士

主料： 鲜见手青 500 克

辅料： 猪脊肉 60 克、鸡蛋清 1 个

调料： 蒜瓣、水淀粉、花生油、干辣椒、精盐、味精、胡椒粉、甜酱油、咸酱油、芝麻油适量

制法：

1. 见手青去根、去泥草，放入清水中用软毛刷刷洗干净取出，切梳背块；干辣椒去把、去籽切成小节；蒜瓣切成小片。

2. 猪脊肉去筋洗净、断丝切成薄片盛入碗内，加入适量精盐、味精、胡椒粉、水淀粉和鸡蛋清拌匀捏透，腌 3 分钟待用。

3. 炒锅置旺火上，热锅注入花生油，待油烧至三成热下中国人想家，往往想的都是那口家乡味。云南人想家，大部分都可说是“想菌了”。试问：哪朵菌离家后，不怀念破土时的自然之味呢？

云南其他特色美食，譬如鲜花饼、过桥米线，随着

脊肉片滑散滑熟后倒入漏勺中。再在锅中放适量油，下干辣椒节炸香，呈紫红色时放入蒜片炒香，倒入见手青，用旺火炒透炒熟，随即加入精盐、胡椒粉以及甜、咸酱油调味，并将滑熟的脊肉放入，翻炒几下，淋入芝麻油拌匀，即可起锅装盘食用。

黄癞头

科普贴士

黄癞头，又名黄见手，在真菌分类学中称为皱盖牛肝菌(*Rugiboletus extremiorientalis*)。

美味野生食用菌。分布于云南中部和北部。夏秋季生于针叶林或针阔混交林中地上，常与松树生长在一起，形成共生关系。

菌盖直径8—15 cm，扁半球形至平展，表面杏黄色至褐黄色，皱曲，湿时黏，干燥时强烈龟裂，边缘延生；菌肉奶油色至黄色，受伤后不变色。籽实层体管状，表面黄色；菌管黄色。菌柄长6—15 cm，直径2—4 cm，杏黄色至褐黄色，被黄色至黄褐色小鳞片。担子20—33×7—9 μm，棒状，4孢。担孢子10—13×3.5—4.5 μm，长椭圆形至近梭形。锁状联合阙如。

科技和生产力的发展，早已脱离了原始饮食形态，成为能一起远走，或是常年得见的味道。云南人想念菌味，显然不同于想念其他味道，必得实实在在身体力行才行。你说人工种植菌？不不不，云南人说“菌”，一定是“野”字当头，但凡掺杂了人工痕迹，便只说“人工菌”或“某某菇”。云南人说“吃菌”，默认的便是“野生菌”，必得是真真切切从山林里拾来的，还带着泥巴的那种。

今天的云南人食菌故事，须从盼雨开始讲起。

云南多山。从小生长在山里的人家，最盼望的是第一场春雨的到来。只有雨水浇透了山林，野生菌才会开启一年的繁荣。拾菌人从头水菌开始入山。山里最早长出的一批菌被称为头水菌，很是金贵；陆陆续续到土黄天（一般而言，秋冬交接的霜降到立冬之间即为“土黄天”），最后一批鸡㙡出土，一年中九个多月的时段里，家家都会有时令的菌香飘出。城里人也盼雨，雨是出菌的信号。山里菌香满溢，城里的野生菌市场也活泛了。

雨水之后，便要上山捡菌。我的老家楚雄永仁，有“菌缘”的说法。如同人与人之间讲究缘分一样，人与菌同样也是讲求“菌缘”的。能同行上山是缘分，能在山上捡到菌子，靠的也是各人的缘分。有老话是这样说的，无缘跑断腿，有缘菌找人。有菌缘的，打瞌睡都能靠在菌子上。一个“找”字，涵盖了无尽意味。一到捡菌的季节，亲戚朋友有空总喜欢邀约着上山。甚至走在路上，

牛肝爆黄癞头

食材

鲜黄癞头

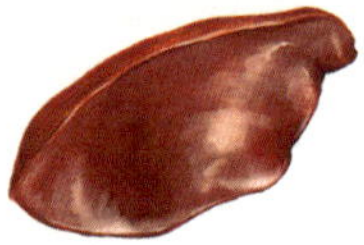
鲜牛肝

食谱贴士

主料： 鲜黄癞头 300 克、鲜牛肝 80 克

调料： 干辣椒、蒜瓣、精盐、味精、胡椒粉、花生油、花椒水、葱姜汁、黄酒、水淀粉、芝麻油适量

制法：

1. 削去黄癞头菌根部的泥沙泡入清水中，用毛刷刷干净后取出切为厚片，干辣椒切为小节，蒜瓣切为小片。

2. 将牛肝漂洗干净取出，搌干水分切为薄片盛入碗内，加入精盐、味精、胡椒粉、葱姜汁、花椒水、黄酒、水淀粉拌匀，腌 3 分钟待用。

3. 炒锅置旺火上，注入花生油，放入牛肝滑熟后连油一碰到背竹篓的人，哪怕不认识，只在路过时对视了一眼，也会被邀约说：“捡菌吗？一起啊。”即便我什么菌也认不得，什么工具也没带，但只要愿意，跟着上山去，总有野趣。

起倒入漏勺中。锅留底油，依次将干辣椒节、蒜片放入炸香，随即投入黄癞头菌片，加入精盐拌匀炒熟，接着把滑熟的牛肝倒入，加进味精、胡椒粉拌匀，注入水淀粉勾芡，淋入芝麻油炒拌几下即成。

黑见手

科普贴士

黑见手，又名褐牛肝，在真菌分类中称为暗褐脉柄牛肝菌（*Phlebopus portentosus*）。

野生食用菌。夏秋季生于热带和亚热带阔叶林中地上。分布于云南南部热带和南亚热带地区。近几年，黑见手已有人工栽培。

菌盖直径 6—18 cm，扁平至平展，表面橄榄褐色至黑褐色；菌肉浅黄色、黄色至灰黄色，受伤后不变色或缓慢变蓝。籽实层体管状，表面淡黄色、橄榄黄色至褐色；菌管黄色至橄榄黄色。菌柄长 5—10 cm，直径 3—5 cm，有皱纹，与菌盖同色；基部菌丝浅黄色、黄色至灰黄色。担子 20—30 × 10—11 μm，棒状，4 孢。担孢子 7—10 × 5—7 μm，椭圆形，光滑，黄褐色。锁状联合常见。

到昆明工作后，长年不进山。每到雨季，父母总会用菜叶包裹，带来家乡的菌味。这是近山之人独有的浪漫。

如何洗菌，亦是不同。大多数人喜欢用小刷子，一点点掰开菌丝，从头到脚洗刷，将泥土尽数剔除。这样洗刷，好处是洗得扎实干净，但如果刷子稍微硬一点，菌子就会被刷掉一层皮。父母从他们父母那里学会的，则是用南瓜老叶子洗。先用木棍或者小刀，轻轻刮去菌子根部的泥土，摘除菌盖上的松针和杂草，再放入装满清水的盆里。南瓜老叶子是从田间地头随意摘的，用叶子背面带绒刺的一面，顺菌子的纹路轻轻抹，菌子伞盖褶皱里的草屑、泥沙，就统统掉入水里。由于南瓜叶子柔软，碰触到细嫩的伞盖也不会伤筋动骨。白的菌子，绿的叶子，轻轻碰触，整个过程，天然且质朴，平添几许自然味。

父母食菌，带着某种虔诚的执着。他们小时候生活在农村，肉和油都很金贵。那时煮菌，都是把锅烧热后，先用一小块腊肥肉或者腊肉皮，将油脂的一面贴着锅底抹一圈，放点食盐，再加入洗干净的菌子、水和大蒜，大火煮开，最后中火煮到熟透。他们喜欢的，是菌中至纯的本味。时至今日，家常煮菌，他们也只放一点本地土猪油，适量盐，几瓣大蒜，最好再加上一瓢家乡水，图的就是地道家乡味。他们深信，这样煮出来的菌子，能最大程度保留野生菌的鲜甜，会叫人鲜掉眉毛，巴不

泡椒黑见手

食谱贴士

主料： 鲜黑见手300克、泡辣椒40克

调料： 蒜瓣、精盐、味精、白砂糖、胡椒粉、芝麻油、花生油、水淀粉适量

制法：

1. 黑见手菌去根，去杂草，泡清水中用毛刷刷洗干净取出，切为厚片，泡辣椒改为块片状，蒜瓣切为小片。

2. 炒锅置旺火上，热锅注入花生油，下蒜片炸香，投入黑牛肝菌片，加入精盐煸炒至熟透，随即放入泡辣椒、味精、白砂糖、胡椒粉拌匀，煸炒几下，下水淀粉勾芡，滴入芝麻油拌匀即成。

得香掉舌头。这种清汤煮法适用于大部分菌子，少数如青头菌、牛肝菌、干巴菌等，则更适合炒吃。但是从配料来说，炒菌只比煮菌多了一点青红椒而已。在家宴客，假如客人赞一句“吃的全是现采的菌，一点肉都看不见”，父亲定要高兴好几天，因为他将这视作宴客的最高规格，正是借菌摆谱呢。

在过去，要从老家带野生菌到昆明走亲戚，首选的就是鸡坳。省城鸡坳价格太贵，一般工薪家庭是舍不得买太多的。为了表达对亲朋的牵挂，一到吃菌季，父母就开始为送菌子做准备。

褐牛肝

科普贴士

在真菌分类学中，褐牛肝称为茶褐新牛肝菌（*Neoboletus brunneissimus*），它与“黑见手（暗褐脉柄牛肝菌）”虽都属于牛肝菌，但二者的亲缘关系较远，属于不同的“家族”。

野生食用菌。分布于云南大部分地区，但南部较少，夏秋季生于亚热带针叶林或针阔混交林中地上，与树木相互依存。

菌盖直径 2—8 cm，扁半球形，表面暗褐色、茶褐色至深肉桂色，有绒质感，不黏；菌肉淡黄色至黄色，受伤后迅速变蓝，之后缓慢还原。籽实层体管状，表面暗褐色至深肉桂色，受伤后迅速变为蓝色至近黑色；菌管黄绿色，受伤后变为淡蓝色。菌柄长 4—9 cm，直径 0.5—1.3 cm，黄褐色，被暗褐色糠麸状鳞片，基部有淡褐色至暗褐色硬毛。担子 25—30 × 9—12 μm，棒状，4 孢。担孢子 9—13 × 4—5 μm，长椭圆形至近梭形。囊状体 40—50 × 7—12 μm，近梭形。锁状联合阙如。

鸡㙡是个娇气的小家伙，为了让它安全到达，要提前做极其复杂的准备工作。第一关是选日子。最好的日子，一定是头天晚上电闪雷鸣一夜雨，第二天晴空万里，就是采鸡㙡的好时机，也是买鸡㙡的好时机。这种被雷撵出来的鸡㙡，基本都是凭实力拱土出来的。或许是吸取了雷电能量，精气神最足，从湿透了的土壤中很轻松就能拔出来，个头完整，从头到脚极少受伤。雷雨后天气晴朗，采下的鸡㙡哪怕是已开盘的，也非常干净鲜嫩，少有水汽进入褶皱。上一辈的老人开玩笑说："鸡㙡出门的日子，挑得比娶媳妇还困难，起码结婚嫁娶的日子可以翻老皇历选。"那时候，县城乡下还没有准确的天气预报，靠的全是经验加推测，以及来自菌友的及时消息。

蹲守到出好菌的时间后，第二关是买菌。通常来讲，上午十点多，第一批采菌回来的人会进入市场。如果当天能出行的，必得赶上这一波。如果第二天才能出行，还得下午四点以后开始买入，太阳落山后才进场的最好。这一波菌子，采的时候温度相对低一些，更容易保存，才能撑到第二天上路。天气全凭运气，还得对得上自己的出行时间，前两关能闯过，已经相当有难度了。

再看第三关，分拣鸡㙡。买回来的鸡㙡，要及时分拣，分出全开的、半开的、未开的，分别垫好菜叶，放进准备好的纸箱里。刚买回的鸡㙡会带有日照的余温，这些分拣好的，则要等它们散去热气，才能装箱封口。接下

泡莲花白炒褐牛肝菌

鲜褐牛肝菌

食材

泡莲花白

食谱贴士

主料： 鲜褐牛肝菌300克、泡莲花白50克

调料： 红辣椒、蒜瓣、精盐、味精、白砂糖、胡椒粉、水淀粉、芝麻油、花生油适量

制法：

1. 褐牛肝菌去根，去杂草泡入清水中，用毛刷将其刷干净后滤去水分，切为滚刀块；红辣椒洗净，去把去籽切为马眼片；泡莲花白滤去汁水后切为马眼片；蒜瓣切为小片。

2. 炒锅置旺火上，注入花生油，放入蒜片炒香，下红辣椒炒透，投入褐牛肝菌，加入精盐煸炒至熟透，接着将泡莲来的第四关，是最难的一关，关系到一箱鸡㙡的生死。在没有高铁动车，甚至没有高速公路的年代，父母要坐最早的班车，六点半从县车队出发，不出意外的话，下午六点左右，可以到达昆明黄土坡车站。运到昆明的鸡㙡有几成完好，几成新鲜，靠的不仅是包装，还有不可控的途中气温、汽车的新旧程度、司机的驾驶技术等等。

花白片放入，加进味精、胡椒粉、白砂糖拌匀煸炒几下，下水淀粉勾芡，滴入芝麻油拌匀，即可装盘食用。

奶浆菌

科普贴士

奶浆菌因为菌褶受伤后会溢出乳白色的水浆而得名。在红菇科中，有很多种的个体特别是菌褶受伤后都会溢出乳汁状的液体，在可食用的“奶浆菌”中，实际上包括了不下 10 种。在云南，常见的“奶浆菌”主要有宽囊多汁乳菇 (*Lactifluus pinguis*)、薄囊多汁乳菇 (*L. tenuicystidiatus*)、假稀褶多汁乳菇 (*L. pseudohygrophoroides*)、多型多汁乳菇 (*L. versiformis*) 等等。

野生食用菌，分布于云南中部和南部。夏秋季生于亚热带和热带阔叶林或针阔混交林中地上，与植物形成共生关系。

菌盖直径 3—10 cm，平展中凹，表面奶油色、浅黄褐色或橙褐色，干，具绒质感和皱纹；菌肉厚 2—4 mm，近奶油色至淡黄色，伤后变褐色，具鱼腥味。菌褶高 2—4 mm，密，奶油黄色，伤处被乳汁染为褐色。菌柄长 3—10 cm，直径 0.7—1.5 cm，奶油色至浅橙黄色或浅橙褐色。乳汁丰富，白途中多段弹石路、水泥路段也坑坑洼洼，汽车仿若浪中扁舟，被浪冲烂打翻也是常有的事。母亲说，有一次车到武定百花山，碰到下大雨，风刮得急，车窗玻璃又破，虽是8月份，下车时人已经冻僵了，爸爸直接把她背到医院急救。人尚如此，鸡㙡亦是度劫一般。可想而知，把鸡㙡带到昆明有多么不容易。

从黄土坡车站运到家，打开箱，鸡㙡才来到最后一关。不论多晚，送到的鸡㙡务必要当天处理，倘若放至第二天，这箱鸡㙡就彻底废了。记得我上高中的时候，父母送鸡㙡到大舅家，天已经很晚了，全家人还是要围在一起清洗鸡㙡。开箱时，鸡㙡蔫头耷脑，有些已经淌着黏黏的汁液，还有些已经碎成了渣块。表弟从褶皱里洗出白色小虫子，吓得哇哇大叫："我孃，你咯是受骗了，买着烂鸡㙡了？"舅妈却泰然道："这种才是放心的鸡㙡嘛。哪个像你爸前几天路边买回来，伞都开干了，虫也不会长，怕是打过药的，哪个敢吃？"

色，染菌褶为褐色。担子40—65 × 11—14 μm，棒状，4孢。担孢子8—10 × 7.5—9.5 μm，球形，具完整网纹，纹饰高达2 μm。囊状体丰富，50—120 × 7—17 μm，厚壁。盖表皮具厚壁菌丝和球状细胞。锁状联合阙如。上述形态描述反映的是宽囊多汁乳菇的主要特征。

双柳奶浆菌

鲜奶浆菌

食材

嫩鸡脯肉

熟云腿

食谱贴士

主料： 鲜奶浆菌 300 克、嫩鸡脯肉 35 克、熟云腿 25 克

调料： 精盐、味精、胡椒粉、水淀粉、芝麻油、蒜片、鸡蛋清适量

制法：

1. 奶浆菌去根洗净切为大片；云腿切成筷尖粗的丝；嫩鸡脯切成筷尖粗的丝盛入小碗内，加入蛋清和适量的精盐、味精、胡椒粉、水淀粉拌匀。

2. 炒锅置于旺火上，热锅入油，待油烧至三成热时，将鸡丝倒入滑散滑熟后倒入漏勺中。

3. 锅留底油，下蒜片、云腿丝炒香，将奶浆菌放入炒熟，最后上桌的鸡㙡汤，一如往常，作料仍是那几味，但其味之鲜，是我迄今难以复刻的。至繁的送菌过程，到了最后，仍只用至简的方式呈现。

我相信还有很多云南人，同样保有我父母那样的坚持。他们会将看似“清淡”的烹饪方式，归结于云南人与生俱来的对野生菌的亲近与尊重。倘若你问云南哪里

投入滑熟的鸡丝，加进精盐、味精、胡椒粉翻炒均匀，用水淀粉勾芡，淋入芝麻油拌匀即可装盘上桌。

荞面菌

科普贴士

在真菌分类学中，荞面菌称为荞面口蘑(*Tricholoma qiaomianjun*)。

野生食用菌。分布于云南中部、西部和西南部，夏秋季节生于针叶林或混交林中地上，与树木形成共生关系。

菌盖直径 4—8 cm，半球形至平展，中央常有凸起，表面干燥，湿时黏，淡绿黄色、黄色、淡黄褐色至淡橘褐色，边缘直生，表面被有橘褐色至褐色鳞片；菌肉白色。菌褶弯生，淡黄色、黄色至淡绿黄色；褶缘同色。菌柄长 4—8 cm，直径 0.5—2 cm，实心，表面淡黄色至淡绿黄色。担子 35—45 × 7—9 μm，棒形，4 孢。担孢子 5.5—7 × 4—5 μm，椭圆形，无色，非淀粉质。侧生囊状体阙如。缘生囊状体常见，30—60 × 3—8 μm，圆柱形至棒形。

的菌最好吃？十个云南人，九个会告诉你，只要有山有菌，每个地方的菌都好吃。但你要是问，云南哪家餐厅的菌好吃？云南人大多都要愣一愣，数出几家店名后，笑着补充一句：“我们喜欢买回家自己做了吃。自己怎么做？当然是煮菌汤和炒菌子。”这两种做法，出锅的菌很纯粹，鲜香、清甜。再说夸张些，云南人吃的不仅仅是野生菌本味，更是他们美食基因里所感受到的，一方菌窝形成过程中，独有的阳光、雨露、泥土、花草、树木等等自然精华。作家阿城显然就被这样的本味俘虏，在《思乡与蛋白酶》一文中写鸡坳菌，“用这种菌做汤，其实极危险，因为你会贪鲜，喝到胀死”。至于名贵野生菌松茸和松露，在以前的云南是不受待见的。云南人把松茸叫作“臭鸡坳”，把松露叫作“猪拱菌”，单从名字来看，就知道这二者的冷宫地位了。后来，人们逐渐认识到了两种菌丰富的营养价值和超高的国际地位，才慢慢接受它们进入“美食”行列。

云南人烹饪菌子，有着独特的“信条”——蒜与火。蒜，就是煮菌炒菌时放大蒜。有广为流传的说法是：放大蒜一起烹饪，大蒜变黑了就说明菌有毒，不可以吃；反之大蒜没变黑，就说明无毒，可以放心食用。火，是火候。不同的火（柴、炭、煤、气、电）、不同的菌，烹饪时长不同，但有一点，熟透出锅前，不能断火，煮菌必须一直保持沸腾，炒菌不能急火快炒。若是断了火，

小炒荞面菌

食材

鲜荞面菌

肥瘦猪前腿肉

皱皮青辣椒

食谱贴士

主料： 鲜荞面菌 350 克

辅料： 肥瘦猪前腿肉 50 克、皱皮青辣椒 30 克

调料： 花生油、精盐、味精、胡椒粉、蒜瓣、水淀粉、芝麻油适量

制法：

1. 荞面菌去根，去泥沙、杂草滤出，改成大块；猪肉洗净剁茸；青辣椒去把洗净剁碎；蒜瓣剁茸。

2. 锅上火入油，待油烧至七成热时将荞面菌块倒入，熟后连油一起倒入漏勺中。锅留底油，放入蒜蓉炒香，加入青辣椒碎炒透，下猪肉末炒熟，将滑熟的荞面菌倒入，放入精盐、便有中毒的风险。实际上，这些说法并不足以规避所有风险，每年因为“验毒”而把自己送进医院的大有人在。云南人爱菌，爱到舍不得将这口锅让野生菌背上，每每发生中毒，都在自我反省，是不是没炒熟，是不是火断了，是不是认菌认得不对，是不是蒜放得不够？今年进医院，来年继续吃，一直吃到说服自己，野生菌确实没问题，上次的中毒便只存在于遥远的记忆中。

对于在老家食用野生菌的记忆，令我最为深刻的是

味精、胡椒粉拌匀稍炒，注入水淀粉勾芡，淋入芝麻油拌匀即成。

铜绿菌

科普贴士

该种因菌褶伤后或老后会缓慢变蓝绿色或铜绿色而得名。在真菌分类学中，称为红汁乳菇 (*Lactarius hatsudake*)。在云南，松乳菇 (*L. deliciosus*) 的菌褶受伤后或老后也会变为绿色，故也被称为铜绿菌，但其个体表面多为黄褐色至橘黄色。

著名野生食用菌，分布于云南大部。夏秋季生于针叶林中地上，与松树构成外生菌根关系。

菌盖直径 3—6 cm，扁半球形至平展，中央下凹，表面灰红色至淡红色，有不清晰的环纹或无环纹，湿时稍黏，边缘内卷；菌肉淡红色，不辣。菌褶直生至下延，酒红色，伤后或老后缓慢变蓝绿色；乳汁少，酒红色，不变色，不辣。菌柄长 2—6 cm，直径 0.5—1 cm，圆柱形或向下逐细，与菌盖同色，伤后缓慢变蓝绿色，不具窝斑。担子 50—60 × 9—

“烤菌”。小时候跟舅舅和父母到山上捡菌，山坡上跑了一通，鸡油菌、大脚菇、红里子菌、青头菌、牛眼睛菌就足有半箩筐。肚子闹革命，舅舅便就地点燃枯枝，烧成炭，将捡来的菌子抹去泥土，放在炭火上烘烤。十来分钟，舅舅喊一声“熟了”，竟从兜里掏出一包盐，撒在菌子上递给我。我轻轻咬了一口，说不出的香甜。比起煮熟的菌子，烤菌除了鲜甜，还有一点焦脆，如同牛干巴的那种筋道，香味更浓。山风送来清冽的自然气息，混杂菌味，叫人难以忘怀。

现在已不是缺油少肉的年代，野生菌的烹饪花样不断翻新。云腿炒干巴菌、云腿烩青头菌、宫爆见手青、松茸刺身、油鸡㙡、白参蒸鸡蛋、黑木耳炒猴头菌、羊肚菌烧肉、松露炖鸡、泡椒黑见手、泡莲花白炒褐牛肝菌等等野生菌菜式，口感丰腴，令人眼花缭乱。不知从何时起，野生菌火锅风靡大街小巷，成了网红美食。大多用鸡汤或鹅汤做锅底，加入鸡㙡、松茸、牛肝菌、鸡油菌、竹荪等各色菌子煮沸，形如菌子开会。当然，生长于不同地方的野生菌，口感是有区别的；不同地方的

12 μm，棒状，4 孢。担孢子 8—10 × 7—8.5 μm，宽椭圆形，有淀粉质的完整至不完整的网纹。锁状联合阙如。

芥末铜绿菌

鲜铜绿菌

绿黄瓜

食材

红灯笼辣

洋葱

食谱贴士

主料： 鲜铜绿菌 250 克

辅料： 绿黄瓜 50 克、洋葱 30 克、红灯笼辣 30 克、上汤 600 克

调料： 甜酱油、咸酱油、麸醋、蒜蓉、芥末酱、芝麻油食量

制法：

1. 铜绿菌去根、去杂草漂洗干净，放入沸上汤中汆熟捞出，待凉透后整齐地堆码在盘中。

2. 分别将绿黄瓜、洋葱、红灯笼辣洗净，切成圆圈片，均匀地围在铜绿菌四周。

人做野生菌火锅，汤底也是不同的。云南民间“美食家”们不断创新，肆意搭配，用上了武定壮鸡、宣威火腿、土猪肉、黑猪肉、跑山鸡、大白鹅、老鸭子、黑山羊，甚至还加入了土鸡蛋、绿皮蛋等等，开发出了许多极具地方特色的菌火锅。食客们来到云南，难以抵御野生菌的鲜香，也在情理之中。

按照往年经验，如果雨水丰富，野生菌会在5月左

3. 将甜酱油、咸酱油盛碟内，放入麸醋、蒜蓉、芥末、芝麻油调匀，与铜绿菌一起上桌，蘸食或拌食。

羊肚菌

科普贴士

“羊肚菌”名下包含多个物种，主要分为黄色羊肚菌支系和黑色羊肚菌支系两大类。黄色羊肚菌类的个体成熟后，棱脊白色至淡褐色，如秋生羊肚菌 (*Morchella galilaea*)，而黑色羊肚菌的个体成熟后其楞脊为黑色至近黑色，如梯棱羊肚菌 (*M. importuna*)。常见的羊肚菌有梯棱羊肚菌、六妹羊肚菌 (*M. sextelata*)、七妹羊肚菌 (*M. septimelata*)。目前，在我国人工栽培的羊肚菌皆属于黑色羊肚菌类的真菌。

春季生于亚热带和温带阔叶林或针阔混交林中地上，在杨树林中常见。分布于云南中部和北部。可食。可栽培。

子囊果高 6—15 cm。菌盖高 3—8 cm，直径 2—5 cm，近圆锥状；凹坑幼时浅灰色或淡黄色，成熟后为深褐色；棱脊幼时灰白色至深灰色，成熟后深灰褐色或近黑色。菌柄长 3—7 cm，直径 1.5—4 cm，表面白色至浅褐色，被同色鳞片。

右开始逐渐上市。但每年都有痴迷者蹲守头水菌，不惜高价也要购得，只为享受第一拨食菌的“鲜”。2024 年 3 月，云南木水花野生菌市场的头水鸡㙡上市，共有两朵，来自云南红河哈尼族彝族自治州，最长的一朵有 14—15 厘米，以 2600 元 / 千克的价格成交。4 月，第一拨松茸上市，共 3 朵 120 克，来自云南维西傈僳族自治县，还没进入市场就以 2600 元一口价售出。而在 2023 年，第一拨松茸价格最高则卖到了 2 万元 / 千克。如此盛况，不将野生菌作为云南美食的第一梯队成员，属实说不过去。

除了个别粉丝痴迷外，官方也给足了面子。云南作为我国少数民族众多的地区之一，拥有丰富多样的民族文化，每个地区、每个民族都有自己特有的节日。据不完全统计，每年云南大大小小的节庆将近 400 个，野生菌也在其中占有一席之地。2003 年，南华县举办首届野生菌美食文化节，是全国第一个给野生菌“过节”的地方。2023 年，“中国 · 南华第二十届野生菌美食文化节”，引起各大主流媒体关注，抖音短视频平台相关话题点赞

子囊 170—230 × 20—25 μm，棒状，内含 8 枚子囊孢子。子囊孢子 18—24 × 10—13 μm，椭圆形。棱脊中不孕细胞顶端近棒状至近头状。上述形态描述反映的是梯棱羊肚菌的特征。

羊肚菌烧肉

干羊肚菌

食材

带皮猪三线肉

食谱贴士

主料： 干羊肚菌 100 克、带皮猪三线肉 1000 克

调料： 精盐、味精、胡椒粉、白砂糖、草果、八角、葱头、姜片、花生油适量

制法：

1. 羊肚菌去根，用清水淘去泥沙，再浸入清水中慢慢泡涨（水不能多），发透后滤去水分。

2. 将带皮猪三线肉泡入清水中，用小刀刮去皮肉上的残毛、污物，漂洗干净后取出剁为 3 厘米长的方坨。

3. 炒锅置中火上，注入花生油，依次放入草果、八角、生姜、葱头，炸香后将猪肉坨放入煸炒（随即加入精盐），量超5000万，微博话题超1.3亿，一时之间，南华这座小城因野生菌而火遍全网，当年旅游总收入超1.2亿元。继南华后，云南其他高产野生菌的易门、石屏、宜良、禄劝、晋宁、武定等地，也举办过不少节庆，为云南野生菌圈粉无数。

待炒黄后滤去油脂，将肉盛入土锅内，注入清水煮沸。

4. 炒锅置小火上，注入适量清水和白砂糖，慢慢炒成糖色倒入煮肉的锅中拌匀，在小火上将肉炖至八成熟时将发好的羊肚菌（包括少量发羊肚菌的水及精盐）放入拌匀，待肉炬糯后放入味精、胡椒粉拌匀，舀去浮沫，拣去葱头、姜片、草果、八角，即可食用。

竹荪

科普贴士

在“竹荪”这一名称下包括多个种，如红托竹荪(*Phallus rubrovolvatus*)、香竹荪(*P. fragrans*)、海棠竹荪(*P. haitangensis*)等等。在云南，人工栽培的主要是前两种。

著名食用菌，也用于食物防腐。分布于云南中部和北部，秋冬季生于亚热带林中地上。可人工栽培。

个体幼时直径3—5 cm，球形至近球形，随后包被的上部被菌柄和菌盖伸展而开裂。成熟后，菌盖高3—5 cm，直径2—4 cm，钟形或圆锥形；表面白色至米色，具显著网脊和凹坑，顶端近平截；凹坑内含黏稠、有臭味的橄榄色或暗绿色孢体。菌裙白色，从菌盖边缘延伸到菌柄的2/3处。菌柄长10—15 cm，直径2—4 cm，白色，海绵质。菌托直径3—5 cm，苞状，表面紫色或紫红色。担子20—30 × 3.5—5 μm，花瓶状或近圆柱形，8孢。担孢子3—4 × 1.5—2 μm，长椭

菌闹着

和野生菌打过交道的人都知道，那些看起来面容“丑陋”的野生菌，往往味道鲜美，比如干巴菌；那些美艳动人的菌子，一不留神，就会让你跌入“美丽的陷阱”，比如毒红菇。怪不得有人说，云南的野生菌是“恃美行凶”的典范。

云南民间有“宁可千回毒，不舍一口鲜”的说法，明知有“毒”，却不愿意放弃“鲜”，不难看出云南人对食用野生菌是何等痴迷。

野生菌是云南众多吃货的至爱，它让老饕们口舌生

圆形至圆柱形，光滑。上述形态描述反映的是红托竹荪的特征。

三鲜烩竹荪

食谱贴士

主料： 水发竹荪200克、熟鸡脯肉25克、熟瘦云腿20克、豌豆尖20克、鸡蛋皮1张

辅料： 上汤500克、二汤600克

调料： 鸡油、葱头、生姜片、精盐、鸡精、胡椒粉、黄酒、水淀粉、芝麻油适量

制法：

1. 竹荪漂洗干净滤出，切成菱形片，用沸水氽透，再放入二汤中，加入葱头、生姜片、黄酒，加热浆透捞出，拣去葱姜待用。

2. 分别将熟瘦云腿、熟鸡脯肉、鸡蛋皮切成菱形片；豌津，也让普通人念念不忘。面对让空气都变得鲜甜的野生菌，吃货们通常具有大无畏的勇气和超越一般人的大格局。他们对于吃野生菌中毒这件事，总是在自己身上找原因。在医院里，经常可以听到这样的问话：“着闹着

豆尖去须、黄叶、老茎洗净。

3. 炒锅置中火上，注入上汤烧沸，放入竹荪片、鸡脯肉片、云腿片、鸡蛋皮片，加进精盐、鸡精、胡椒粉拌匀烧透，投入豌豆尖，下水淀粉勾二流芡，舀去浮沫，淋入鸡油、芝麻油拌匀即可起锅食用。

马皮泡

科普贴士

在真菌分类学中，云南这个可以食用的马皮泡为硬皮马勃属(*Scleroderma*)的物种，叫云南硬皮马勃(*S. yunnanense*)。需要指出的是，在硬皮马勃属中，多数种的个体是有毒的，不可食用。

云南特有的野生食用菌，分布于云南中部至南部，夏秋季生长于松林或针阔混交林中，与松树等植物形成共生关系。

籽实体近球形至球形，直径 2.5—7 cm，表面污白色至淡黄色，被有龟裂成皮屑状的鳞片，基部常具有菌索，有时形成假菌柄。外包被厚 2—7 mm，淡黄色。产孢组织幼时白色，后逐渐变为淡灰色、淡紫色至紫褐色，最后呈粉末状。担子 20—40 × 7—8.5 μm，棒状，4—8 孢。担孢子球形至近球形，7—8.5 × 7—8 μm（含纹饰），表面被有锥状疣突。

了嘎？”回答者笑着说：“闹着了。”紧接着，一定还有一句，“可能是我没有整熟”“可能是着我整杂了”，或者“可能是我闪着火了”。如果是一桌人吃菌，个别人中毒的话，中毒者一定会说，“可能是我身体不适宜吃××菌”，或者“今天我不宜吃菌”。

尤其让我印象深刻的，是家乡的两位老人家。

在医院，老头拉着老伴，哭得鼻子冒泡泡：“万幸你醒来了，不然我要咋个活啊！”

医生看着老头的情绪短时间难以平静，让护士把他带出病房，扶他坐到走廊的长椅上。很快有路人甲过来问：“老倌儿，你咋个了？”

老头答：“我老奶（老伴）着菌子闹了。”

路人乙说：“你莫瞎说，这两天菌子都没得了。鬼都不相信。”

老头激动自证道：“我昨天去放羊，在回家的路边柴码上捡得一大朵菌子，老奶就着煮饭的柴火就烧了，吃了。哪个晓得，吃进去一会儿，就喊肚子疼，送卫生院，又吐又拉，赶忙又拉县医院来喽。说是中毒了。”

不知不觉，聚了一堆人，各个都问：“哪样菌？”

“不晓得，新崭崭的，一个虫眼都没有。”

“要死了，哪个正常的菌会在大冬天长在柴筒筒上？”

“认不得的菌哪个喊你瞎捡。”

老头后悔地说：“看着就想吃，想着是我运气好呢。

酸香马皮泡

食谱贴士

主料： 马皮泡250克、酸腌菜35克

辅料： 云腿30克

调料： 蒜瓣、干辣椒、精盐、菜籽油、猪油、生抽适量

制法：

1. 用小刀剔除马皮泡根部泥土，再用毛刷刷洗干净顺圆切为片；云腿、蒜切片；干辣椒切段；腌菜剁碎。

2. 锅内烧水，水开后把菌片放入焯水20秒后捞出，立刻用凉水冲洗后滤出。

3. 锅内放适量猪油，加进干辣椒段、蒜片爆香，放入云不然路边恁大朵菌，咋就只有我看见？哪个晓得害着我老奶了。”

路人调侃道：“你老奶吃独食，怪不得中毒了。”

老头急红了眼：“怪我啊！她说太香了，掰一半要分我，我想着这个怕是今年的最后一朵菌了，她又爱吃，就没舍得接。”

一堆人七嘴八舌，最后成功歪楼了，各抒己见，争

腿片炒透，再放入菌片，加进适量精盐炒熟，接着投入酸腌菜末继续翻炒，随即加入适量生抽、味精拌匀，即可起锅装盘。

米汤菌

科普贴士

昆明、曲靖等地叫的米汤菌，在真菌分类学中称为花脸香蘑（*Lepista sordida*）。需要指出的是，有的地方（如楚雄、大理、丽江等地）叫的“米汤菌”实际上是美味蜡伞（*Hygrophorus deliciosus*），有的地方将红菇属（*Russula*）的某些种也称为“米汤菌”，因为这些种的个体外表色泽类似米汤的颜色。

较为知名的野生食用菌，分布于云南中部和南部。夏秋季生于林缘或路边腐殖质层上。

菌盖 5—8 cm，平展中凹，熟后近浅漏斗形；表面紫褐色，强烈水浸状，湿时紫褐色，干时浅黄褐色，中心与边缘常形成强烈的颜色对比；菌肉浅紫色，柔和。菌褶弯生至直生，高 3—5 mm，密，近菌柄处紫褐色，近菌盖边缘堇紫色。菌柄长 3—5 cm，直径 0.5—0.7 cm，具纵条纹，污紫褐色，基部菌丝白色。担子 20—30 × 4—6 μm，棒状，4 孢。孢子论的却是菌子到底应该怎么吃才香。我作为围观群众，眼睁睁看着一出悲剧变成了喜剧，实在有趣。

“闹”，是云南人对菌中毒的统称，起源不可考。但凡听见说“闹着了”，多半是菌中毒。倘若你见识过菌中毒后的千姿百态，一定会对发明“闹”字的人表示钦佩。

从每年的雨水下透开始，一直到秋雨落幕，是云南野生菌采摘和交易的旺季，也是新菌食用高峰期。野生菌论筐、论堆，甚至论车卖，大小野生菌餐馆排着长队，各家煮夫煮妇们跃跃欲试。菌做得好，那是味蕾上的极致快感；若做不好，极可能面临着精神和肉体的双重折磨。中毒敏感者，短则十分钟，就可以进入状态。上吐下泻、腹痛难忍、头昏恶心、烦躁不安，这是写实派。还有一批“魔法师”，则会进入异世界。

有人伸手在空中扒拉，满脸陶醉，穿引着并不存在的线条。

有人在病床上四处乱刨，口中不停大喊：“钱！钱！好多钱！”

6—7 × 3.5—4 μm，长椭圆形，微有疣凸至近光滑。无囊状体。锁状联合常见。

酸辣米汤菌

食材

鲜米汤菌

鲜嫩鸡脯

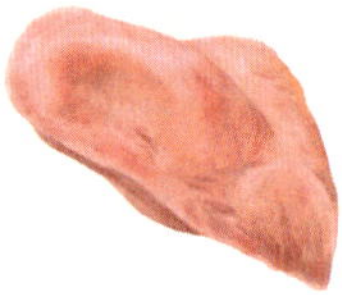

食谱贴士

主料： 鲜米汤菌 300 克

辅料： 鲜嫩鸡脯肉末 60 克、上汤 100 克、鸡蛋清 2 个、精面粉 100 克、水淀粉 120 克

调料： 精盐、味精、胡椒粉、麸醋、白砂糖、蒜末、姜末、葱末、小米辣末、芝麻油、醋精适量

制法：

1. 鲜米汤菌去根、去泥沙洗净，菌盖分别改为三角形块，菌把切滚刀块，一起盛盆内，加入适量精盐、味精、胡椒粉拌匀，腌 6 分钟取出，挤去水分。

2. 蛋清盛盆内，放入水淀粉、精面粉及少许醋精拌匀制有人一手挂着针水，另一只手和空气对砍。

有人把手放在头顶上，遮挡虚无的雨水，喊着“下雨啦，下雨啦”。

成脆糨糊，投入米汤菌块拌匀。

3. 锅上火入油，待油烧至五成熟时分别将裹匀脆糨糊的菌块放入，炸熟炸黄后滤出，整齐地码入盘中。

4. 锅留底油，依次放入蒜末、小米辣末、姜末、葱末、嫩鸡脯肉末炒散炒香，注入上汤，加入精盐、味精、胡椒粉、白砂糖、麸醋拌匀烧沸，下水淀粉勾芡，淋入芝麻油拌匀浇在盘中的菌块上即成。

松露

科普贴士

松露，又称猪拱菌。在“松露”这一名称下，实际上至少包括了块菌属(*Tuber*)的十多个物种。在市场上，常见的物种除印度块菌(*T. indicum*)外，还有假喜马拉雅块菌(*T. pseudohimalayense*)、阔孢块菌(*T. latisporum*)、会东块菌(*T. huidongense*)等。

著名野生食用菌，分布于云南中部和西部。生于亚热带针叶林和针阔混交林中地下，秋冬季成熟，与松树互惠共生。

个体直径3—6 cm，球形至近球形，表面黑褐色或黑色，具有明显的多角状瘤突；产孢组织（菌肉）幼时污白色，成熟后暗褐色或近黑色，其间夹杂有白色、污白色或淡褐色大理石花纹状网脉；气味明显。子囊60—90 × 50—70 µm，近球形至椭圆形，含1—4枚囊孢子。囊孢子多数20—30 × 18—25 µm，椭圆形，表面主要具离散刺状纹饰。上述有人狂抓小精灵。

有人在厨房看见龙，有人说话带字幕，有人发现自家猫狗会说人话，有人肩膀长满绚烂的桃花林。

家里“闹”不算，有人已然分不清现实和幻境，“闹”到派出所。报警说家里出现机器人小偷，正在搬东西；说窗户上全是小飞虫，无法抓捕和击退。警察见怪不怪，一看就知道是被菌“闹”了。

吃菌热潮蔓延到全国各地之后，云南“菌闹着”的各种魔幻行为，也通过文字、漫画、照片、视频等方式进入了大众视野，频频登上网络热搜。自然就有好奇的网友发问：到底中毒后看见的小人人、小精灵是什么样子？如若心中有梦而又无法实现，能不能通过菌中毒体验一把？猎奇心理难免，便不乏投机取巧的商家，打着“致幻”标签，销售野生菌。可是如何精准把控中毒剂量，只致幻而不致死，恐怕就不是商家能保障的了。

我国已知的毒菌种类超过500种，仅云南一个省就有200余种，其中20余种有剧毒，让人那叫一个眼花缭乱。致幻，仅仅是野生菌中毒的一种表现；致死，才是

形态描述反映的是云南最常见的物种印度块菌的特征。

松露炖鸡

食材

鲜松露

仔母鸡肉

食谱贴士

主料： 鲜松露 100 克、净仔母鸡肉 1000 克

调料： 生姜片、精盐、胡椒粉适量

制法：

1. 松露用清水泡洗干净后顺圆切为片；鸡肉洗净切块，加入生姜片，放入开水中氽去血污，捞出洗净。

2. 砂锅中盛入鸡肉、松露片及适量清水，大火煮开去浮沫，再转小火煲至鸡肉熟透后，放入适量精盐、胡椒粉拌匀即可。

中毒最危险的一面。毒菌大致可分为有毒、剧毒两大类。有毒菌种可造成胃肠炎型、神经精神型、溶血型、光敏皮炎型和其他类型中毒；剧毒菌种可造成急性肝损害型、急性肾衰竭型、横纹肌溶解型中毒。急性肝损害型中毒如果抢救不及时，病死率可高达60%—80%。

为了减少野生菌中毒，近年来，在野生菌旺季，也就是食用野生菌中毒事件频发高发期，云南省政府食品安全办都会发布野生菌中毒防控预警通告。各地野生菌市场、菜市场、乡村、街道，也可以听到广播宣传，或者见到张贴的《云南常见毒菌》宣传画。

谷熟菌

科普贴士

谷熟菌，又名金瓜花、南瓜花、铜绿菌等，不同地区叫法不同。在真菌分类学中统称其为松乳菇(*Lactarius deliciosus*)。

著名美味野生食用菌，分布于云南中部和北部。夏秋季生于松林中地上，与树木形成共生关系。

菌盖直径 5—15 cm，扁半球形至平展，中央下凹，表面黄褐色至橘黄色，有同心环纹，湿时稍黏，边缘内卷；菌肉近白色至淡黄色，不辣。菌褶直生，橘黄色，伤后或老后缓慢变绿；乳汁量少，橙色至胡萝卜色，不变色，不辣。菌柄长 3—6 cm，直径 1—2 cm，圆柱形或向上渐细，与菌盖同色，表面具有深色窝斑。担子 40—60 × 8—11 μm，近棒状，4 孢。担孢子 7—9 × 5.5—7 μm，宽椭圆形至卵形，有淀粉质的不完整网纹和离散短脊。

云南人菌中毒从不怪野生菌，并不代表云南人不怕死。为了更加长长久久地食用野生菌，云南人也总结了无数经验。经典的几种说法是，“鲜艳野菌有毒，朴素野菌无毒”，“毒菌虫蚁不食，有虫子取食痕迹的菌子无毒”，“毒菌与银器、大蒜、大米或灯芯草同煮可致后者变色”，“生长在阴暗、潮湿的肮脏地带的菌子有毒，生长在干净地带的菌子无毒”。口口相传，人人牢记，结果如何？2023年，云南省疾控中心依据2020—2022年全省野生菌中毒数据，结合各地有毒野生菌种类（重点关注中毒致死的野生菌亚稀褶红菇、剧毒鹅膏类等），将云南129个县（市、区）野生菌中毒风险分级：累计中毒事件起数大于等于100起，或死亡人数大于等于3人的地区划定为高风险地区；累计中毒事件起数为30—99起，或死亡人数为1—2人的地区划定为中风险地区。依据这个标准，全省最终划定出高风险地区7个、中风险地区51个。

确实，毒菌种类繁多，想要全部记住，并能精准识别，对我们普通人来说，几乎是不可能的事。万一没认出毒菌怎么办？云南人也有对策——“我就多煮一下嘛。人家煮30分钟，我煮一小时。”可是，又有研究指出，鹅膏所含的毒素（可分为毒伞素、鹅膏毒肽和鬼笔毒肽3种），化学性质稳定，耐高温、耐干燥，耐酸碱。也就是说，剧毒鹅膏即使用高压锅煮一整天，毒素也不会被破坏。

这也不行，怎么办？云南人抓抓脑袋，又生一计——

双椒谷熟菌

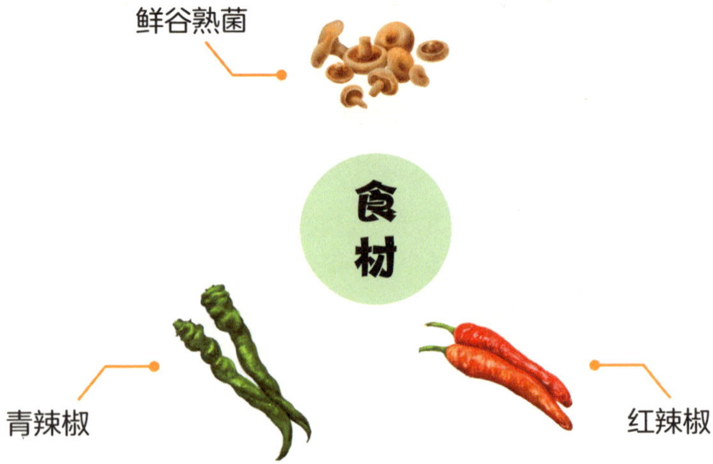

食谱贴士

主料： 鲜谷熟菌350克、青辣椒30克、红辣椒30克

调料： 蒜瓣、精盐、味精、胡椒粉、芝麻油、花生油、水淀粉适量

制法：

1. 谷熟菌去根、去杂草洗净；青红辣椒洗净，去把、去籽切成菱形片；蒜瓣切片。

2. 炒锅置中火上，注入花生油，放入蒜片炒香，投入青红椒片稍炒，将谷熟菌倒入，加进精盐炒透，放入味精、胡椒粉拌匀，用水淀粉勾芡，淋入芝麻油拌匀即可出锅。

“我就吃熟嘛。熟悉的菌做熟了吃。”然而，网上有一则2010年的新闻，讲的是禄丰县白罗伞菌，两周闹翻14人、1人死亡。这些中毒者，无一不是常年捡菌吃菌的老手。

母亲看了报道也不相信，说：“不可能。白罗伞、黄罗伞，都是我小时候经常在山上烧了吃的，什么作料都不放，又鲜嫩又香甜。”仔细去查，原来可食用的白罗伞学名叫白条盖鹅膏，与致命鹅膏、黄盖鹅膏白色变种极为相像。母亲不禁感叹：“福大命大哦，不然要灌

金号角

科普贴士

金号角，又名黄喇叭菌。在真菌分类学中，称为金黄喇叭菌 (*Craterellus aureus*)。

野生食用菌，分布于云南中部和南部。夏秋季生于热带和亚热带阔叶林中地上，与树木形成菌根共生关系。

菌盖直径 2—5.5 cm，喇叭状或漏斗状，边缘常开裂，表面金黄色或亮橙黄色，近光滑，有蜡质感；菌肉薄，与菌盖表面同色，受伤不变色。籽实层体表面近平滑，无褶棱，与菌盖表面同色或稍淡，受伤不变色。担子 50—70 × 8—10 μm。担孢子 7.5—9 × 6—7 μm，宽椭圆形，光滑。锁状联合阙如。

大粪咯！”

外公从小随曾祖父学医，在村里颇有些名声。有次遇到个菌中毒来求医的，急得他鞋子跑掉了都来不及捡，舀来一瓢大粪水就要灌。谁知中毒者接受不了，死咬牙关不张口，外公只能喊来几个壮小伙，把灌角（磨开小口的黄牛角尖，农村兽医常用来给牲口灌汤药）强行塞进中毒者口里，连灌两瓢粪水，又用鸡毛催吐，如此反复，忙活到大半夜，才把人从鬼门关抢回来。外公每每讲起，无比得意，却给母亲留下了心理阴影。虽说灌粪之法十分挑战患者的心理承受能力，但并非外公乱来。东晋葛洪的《肘后备急方》中就讲：“野葛芋毒、山中毒菌欲死者，并饮粪汁一升，即活。”李时珍《本草纲目》里也有一味人中黄，即是人粪，主治“时行大热狂走，解诸毒”。古往今来，真不知大粪救了多少人命呢！

说服老百姓用粪解毒，或许已经是不易中的最容易了。同样食菌，难道王公贵族就不会中毒吗？当然会。可是，如果皇帝中毒，众人难道也往皇帝嘴里灌粪吗？最后皇帝是活下来了，面子里子全没了，谁来承受怒火？于是古人绞尽脑汁，反复试验，终于得了更文明的法子。南宋陈仁玉在《菌谱》中写道，“以苦茗、白矾匀新水咽之”，可以解毒。中毒者因此也可得些体面了。

到了现在，中毒者能躺在干净的医院接受治疗，真得感谢医学的发展。正是因为有了安全保障，食菌的范围逐渐扩大。单说见手青，也就是中毒后能让人见到

百合金号角

鲜金号角

食材

鲜百合

食谱贴士

主料： 鲜金号角500克、鲜百合200克

调料： 上汤、精盐、味精、胡椒粉、水淀粉、白砂糖、芝麻油、花生油、蒜蓉适量

制法：

1. 金号角去根，去泥沙、杂草漂洗干净捞出；百合掰成片洗净沥出，放入沸水中氽透取出。

2. 取一个小碗，注入上汤，加进精盐、白砂糖、味精、胡椒粉、水淀粉、芝麻油调匀制成碗芡待用。

3. 炒锅置旺火上，热锅注入花生油，待油温升至七成热时，分别将金号角菌、百合下锅拉熟后连油一起倒入漏勺中。

“小人人”“小精灵”的野生菌。小时候，见手青在我的家乡被称为“鬼打青”，是野生菌中最容易令人中毒的，也是人人惧怕的可食用野生菌。山上见到，大人严禁孩子触碰，连脚踢也不被允许，就怕中毒后医治不及时。然而现在一翻身，见手青已成了野生菌美食中的宠儿。

锅留底油，下蒜蓉炒香，放入百合、金号角菌拌匀，浇入碗芡，将锅颠翻几下，即可起锅装盘。

喇叭陀螺菌

科普贴士

在真菌分类学中称为长柄疣钉菇(*Turbinellus longistipes*)、实柄疣钉菇(*T. solidus*)、绒毛疣钉菇(*T. tomentosipes*)、疣盖疣钉菇(*T. verrucosus*)都可能被称为“喇叭陀螺菌”。因为它们在外形上十分相似，有时需要显微特征才能分辨。

有人食用，但对某些人有毒，须谨慎食用。分布于云南大部分地区，夏秋季生于亚热带阔叶林或针阔混交林中地上，与松树等树木形成共生关系。

菌盖直径2—4.5 cm，喇叭形，中央下陷至菌柄基部；表面橙色至暗红色，被红色或橘红色贴生疣凸，边缘内卷或全缘；菌肉厚1—2 mm，污白色至奶油色，受伤后不变色。籽实层厚2—4 mm，延生，密，棱脊形至脉纹形，污白色至淡黄色。菌柄长1.5—3.5 cm，直径0.5—0.8 cm，污白色或淡黄色。担子70—95 × 11—16 μm，棒形，4孢。担孢子经过多年医治经验，人们发现，之所以致幻，是因为见手青里的毒性物质，其分子结构与人的大脑和神经组织中的中枢神经媒介物质的分子结构十分相似。毒性物质参与和影响神经传递代谢活动，作用于中枢神经，可以在人的大脑中以假乱真，扰乱脑的正常功能，于是使人产生幻觉。不过，见手青中毒很少有病死案例，症状一般随着毒性的消失而减轻，直至恢复正常，治疗及时也很少有后遗症。不算最危险，却是顶美味，谁能拒绝得了见手青的诱惑呢？

倘若不幸中招，在云南，还有一点幸运——在云南人以身试毒，贡献大量样本的支持下，云南省第一人民医院、云南大学附属医院等医院，接诊野生菌中毒经验丰富。只要吃菌前将去医院的路线查好，中毒第一时间就医，小命还是可以无忧的。

既说到就医，便再啰唆一句。鹅膏菌中毒是有潜伏期的，一般在6小时以上。或许刚吃完菌半天内没什么反应，在12—14小时，出现消化道症状又很快消失，但

13—16 × 6—8 μm，椭圆形至长椭圆形，淡黄色，表面有不规则排列的疣凸。盖表皮由膨大的壶形菌丝和未膨大菌丝组成，不规则直立型。上述形态描述反映的是疣盖疣钉菇的特征。

葱油喇叭陀螺菌

食材

鲜喇叭陀螺菌

蒜瓣

食谱贴士

主料： 鲜喇叭陀螺菌200克、葱油30克

调料： 蒜瓣、精盐、精炼油、生抽、老抽、白砂糖、味精、胡椒粉、水淀粉适量

制法：

1. 将菌洗净，切成条状；蒜瓣切片。

2. 锅中加入适量的精炼油，油温升至五成热时，放入蒜片炒香。将切好的菌条放入，快速翻炒，表面微黄时，加入适量精盐、生抽、味精、胡椒粉和白砂糖，继续翻炒均匀。当菌炒至变软时，下水淀粉勾芡，淋入葱油拌匀即可起锅装盘。

这很可能是“假愈期”。一旦加重，中毒36—48小时，会进入肝衰竭、肾衰竭阶段，此时才就诊，就错过了最佳时机。所以，食菌后只要有症状，哪怕仅是轻微腹泻，也不可大意，要及时到医院处理。

云南吃货，奉行的就是年年中毒年年吃，只要没“闹死”，没有什么能阻挡继续吃菌的脚步。闹来闹去的一年，也让云南更热闹了。

谷堆菌

科普贴士

谷堆菌也称蚂蚁谷堆菌或谷堆鸡纵，在真菌分类学中称为白蚁谷堆蚁巢伞(*Termitomyces heimii*)。

美味野生食用菌，分布于云南南部。夏秋季生于林中白蚁窝上。

菌盖直径 8—11 cm，初期钟形、斗笠形，后平展，中央常具钝凸；表面干燥，光滑，灰白色至淡褐灰色，中央褐色至暗褐色；菌肉厚 9 mm，白色。菌褶离生，白色至淡粉色，不等长，密，褶宽 7.5 mm，褶缘齿状。菌柄长 7—10 cm，直径 1—15 cm（地上部分），表面白色、近白色至淡褐色，菌环以上近光滑，菌环以下具有反卷的鳞片，假根长于白蚁窝上；菌环上位，膜质；菌肉与菌盖菌肉相似。担子 20—30 × 5—7 μm，棒形，4 孢。担孢子 7—9 × 4—6 μm，椭圆形，在 KOH 溶液中近无色，非淀粉质，孢子壁光滑。锁状联合阙如。

从山中来，到山外去

老吴和老无

云南楚雄哀牢山下，有一个菌痴姓吴，自称“老无”。他记得山里所有属于他的菌窝。每天晚上睡觉，他都在梦里复习那些菌窝的位置，他也只在每年捡完这些菌窝的时候，才选择休息。

三十年前的夏天，老无还是小无，一朵松茸明目张胆地拦住了他。他激动不已，赶忙趴在地上，捡起一截木棍轻轻拨开落叶，握住松茸粗壮却柔软的身体。轻轻吸一口气，被松茸扑面的鲜香迷住，左顾右盼，不远处竟还有两朵一大一小的伙伴。这下好了，松茸一家三口在老无手中得以团聚。老无仰躺在地，将松茸放置胸口，垂落的阳光令他目眩神迷。泥土中的水汽很快濡湿了他，脊背指引他与山麓建起了联结，身体仿若通灵一般战栗不已。这一天，老无终于拥有了人生的第一处松茸菌窝。

清汤谷堆菌

鲜谷堆菌

食材

韭菜头

食谱贴士

主料： 鲜谷堆菌250克、韭菜头30克、上汤1000克

调料： 蒜瓣、精盐、味精、胡椒粉、猪油适量

制法：

1. 将菌拣去枯叶，去除根蒂后放水里清洗干净，并用手掰成小块；韭菜头洗净切成1厘米长的小段；蒜瓣切成小片。

2. 锅上火，热锅注入上汤，待汤沸后投入谷堆菌块煮熟，加进适量精盐、味精、胡椒粉调味，炝入用猪油炸香的蒜片以及炸蒜片的油，并将韭菜头段倒入拌匀，舀去浮沫即可食用。

几乎是飘一般地，他就到了山下。从家中剪了三条干净的细棉布，包好松茸，租了村里的毛驴车，飞奔去到县城。不得不说，那绝对是老元一生中最幸运的一天。刚到县城，就遇到一位大方的买主，查看无误后，怕他反悔似的，塞给了他好大一摞钞票。老元握着钱，眼泪在眼眶里直转，最后落在手上，像滴落在松茸顶上的露珠，晶莹，且充满希望。

墨水菌

科普贴士

墨水菌在真菌分类中称为蓝紫蜡蘑（*Laccaria moshuijun*），因其个体外表酷似蓝墨水的颜色而得名，是一种分布广泛而常见的真菌。

野生食用菌。分布于云南西部、西南部和西北部。夏秋季节生于阔叶或混交林中地上，与植物共生。

菌盖直径 0.5—3.5 cm，半球形至平展，中央常凹陷，表面干燥，紫罗兰至淡蓝色，边缘具有透明条纹，光滑；菌肉粉色。菌褶弯生至直生，稀，紫罗兰色至紫色；褶缘同色。菌柄长 4—10 cm，直径 0.2—0.5 cm，表面淡紫色，有时淡褐色，基部菌丝白色。担子 30—40 × 10—12 μm，棒形，4 孢。担孢子 8—9 × 9—10 μm，球形至近球形，有刺突（长 1—1.5 μm，基部宽达 2 μm），无色。侧生囊状体阙如。缘生囊状体 30—50 × 4—10 μm，细丝形至窄棒形。盖表皮菌丝平伏型。锁状联合常见。

父亲说，菌窝是捡菌人最宝贵的秘密，每个人的一生中，都会遇到独属于自己的菌窝。老无原已对这个道理不抱希望，毕竟二十多年来，他一直只是个平庸的跑山人。他无数次想象，属于自己的菌窝降临时，他会如何得意。然而当菌窝真的出现时，他却成了一个傻子。

回到家中，老无见到父亲，压抑整天的激动令他说不出话。他砰地关上大门，解开衣扣，将钱抖落在床上。

老无的眼睛亮得吓人，声音喑哑："这是我的松茸，我的钱！"

父亲非常淡定，说："你莫高兴伤了，松茸怕是已经坐上飞机了。"

唰的一下，老无的眼泪又掉下来。他不再兴奋，为匆匆一别的松茸伤感起来。

父亲又说："哭什么，要讨媳妇的人了。"

老屋很有些年头了，刚经历一场雨，地面满是潮湿的水渍。老无坐到床上，他想，松茸定是知道新媳妇要进门，才送来了这场造化。

老无和父亲一起进山。父亲说："采松茸不要深挖，采后要轻轻用刨出的土和枯叶盖住菌窝，每个窝还要留下一朵老菌。"至于原因，父亲也说不出所以然，只告诉他，这是老辈子就传下来的采菌子的经验。老无照做了，心想，大概是为了给这窝松茸留个种吧。

"我的菌窝死了。"每年都有人抱怨，今年也不例外。

五彩墨水菌

食谱贴士

主料： 鲜墨水菌 300 克

辅料： 熟瘦云腿 30 克、熟鸡脯肉 30 克、鸡蛋皮 1 张、豌豆尖 30 克、上汤 500 克

调料： 精盐、味精、胡椒粉、蒜片、水淀粉、花生油、芝麻油适量

制法：

1. 墨水菌去根，去杂草洗净滤出，盖、把分开，将茎把改为寸段。

2. 分别将熟瘦云腿、熟鸡脯肉、鸡蛋皮切成马眼片；豌豆尖去根须、老茎后漂洗干净。

老无说："有了是幸运，没了也是命。"他又何尝不是在宽慰自己呢？

老无精心呵护着遇到的每一处菌窝，香菇、木耳、牛肝菌、鸡㙡、松茸等等，经年累月，这些菌窝几乎已经刻入了他的铭牌。山里的野生菌冒头，老无一定是第一个发现的，他俨然成了村里捡菌的风向标。他喜欢野

3. 炒锅置中火上，热锅入油，下蒜片炒香，投入墨水菌稍炒，放入熟瘦云腿片、熟鸡脯片、鸡蛋皮拌匀，注入上汤烧开约 2 分钟，加进适量精盐、味精、胡椒粉调味，随即放入豌豆尖、鸡蛋皮拌匀，用水淀粉勾二流芡，舀去浮沫，淋入芝麻油拌匀即成。

皮条菌

科普贴士

“皮条菌”实际上包含数个物种，这些物种外表相似，需要借助显微镜才能分辨。在真菌分类学中，“皮条菌”称为蜡蘑，包括橙黄蜡蘑(*Laccaria aurantia*)、云南蜡蘑(*L. yunnanensis*)、酒红蜡蘑(*L. vinaceoavellanea*)等多种。

野生食用菌，分布于云南中西部，夏秋季节生于阔叶林中地上，与树木形成共生关系。

菌盖直径1.5—4 cm，扁半球形至平展，中央稍凹陷。表面橙色、肉橙、橙褐色，具放射状沟纹，水浸状，干后褪色；菌肉薄，与菌盖表面同色；菌褶弯生，稀，淡肉色至肉色。菌柄长4—8 cm，直径0.3—0.5 cm，近圆柱形，黄褐色至淡褐色，空心，纤维质。担子38—50 × 9—12，棒状，4孢。担孢子球形，直径7—11 μm，无色，具直立小刺，小刺长1—1.5 μm。锁状联合常见。上述形态描述反映的是橙黄蜡蘑的特征。

生菌的味道，一年有大半时间，家里餐桌上都会给新采回来的菌子留位置。有时炒，有时做成鲜汤，菌香四溢。唯有一样，松茸，是老无和家人从不舍得留给自己的。松茸价格高昂，饱含老无对未来的无尽期待。捡菌多年，老无深信，菌窝对他同样充满感情，因为每年，菌子们随雨水来而来，有些赶早，有些迟到，却从不缺席。一年又一年，老无一边捡菌子，一边盖房子、讨媳妇、养孩子，从小无变成了老无。

说起松茸，老无感慨良多。老无生在吃了上顿没下顿的年代。老无是家中最大的孩子，从小就被父亲耳提面命，一定做出大哥该有的样子。什么叫大哥？简单来说，就是上山下河的时候，弟弟妹妹们负责撒欢疯玩，而他负责寻找食物。鱼虾、野果、杂菌，都是带回去自己吃的；香菇、木耳则要采回家晒干，拿去供销社换钱，用来买些针头线脑、盐巴酱油。老无第一次见到松茸，他兴奋极了，以为发现了新食物，一路捧回家，没想到被父亲痛骂。

“以后见到这东西，千万离远些，千万别带回家。它跟别的菌子不一样，它会把你肚子里的油刮光。”

老无吓得捂住肚子，连忙把松茸扔了出去。从那之后，山里再遇到松茸，老无一定绕道而行。他当然不知道，父亲的担心毫无道理。父亲也只是听老人说，松茸吃不饱，越吃肚子越饿，可他忽略了所处的年代。缺衣少食，

腊肉炒皮条菌

鲜皮条菌

食材

腊肉

食谱贴士

主料： 鲜皮条菌300克、腊肉50克

调料： 蒜瓣、青花椒、精盐、食用油、味精、白砂糖、小葱适量

制法：

1. 将腊肉切成薄片，皮条菌洗净摘成朵状，大蒜切片，青红椒切丝，葱切段备用。

2. 锅中加入适量食用油，油热后放入腊肉片，用中小火慢慢煸炒，使腊肉的油脂逐渐渗出，腊肉边缘微微卷曲、色泽金黄时倒入小碗中待用。

3. 锅中留底油，下蒜片炒香，将皮条菌倒入锅中，快速鲜有油水，再好的山珍如若不能充饥，就只能归为废物。缘于幼时对饥饿的恐惧，老无从未尝过松茸的味道，且一度将松茸视作洪水猛兽。

很多年后的一天，老无到县城赶街，发现许多外国人和外地人在高价收购某种被称为“菌中之神”的野生菌，还说这种野生菌不仅有着丰富的营养成分，还有抗

翻炒，待皮条菌熟透后，加入适量的精盐、味精、胡椒粉、白砂糖拌匀，随即投入青红辣椒丝、葱段及炒好的腊肉，快速翻炒几下，即可出锅装盘。

虫草

科普贴士

此“虫草”特指冬虫夏草菌（*Ophiocordyceps sinensis*）。该菌主要分布于高山亚高山地区，在该海拔高度范围内也分布有蝙蝠蛾科的昆虫。蝙蝠蛾幼虫在当年秋冬在地下过冬前后，被冬虫夏草菌感染，来年春夏之交，真菌便会从僵虫的头部长出，故而得名。

名贵药用菌，用于调节免疫力、镇静催眠、润肺补肾、抗肿瘤、降血糖等。分布于海拔 3000—5000 m 的高山、亚高山草甸或灌丛地上，寄生于蝙蝠蛾科幼虫上。

子座长 5—10 cm，从寄主头部长出，单生，不分叉，褐色至黄褐色，内部白色；可育部分直径 3—6 mm，近圆柱形，暗褐色，表面有小疣凸；顶部不育。菌柄直径 2—4 mm，表面平滑，淡褐色。子囊壳近表生至有时表生，卵圆形至椭圆形，300—400 × 120—250 μm。子囊 250—350 × 8—12 μm，子囊癌的作用，品相好的，价格很高。

这世上竟有如此神奇的菌子？老元挤到样品跟前一看，根粗伞肥，这个东西好像见过呢。揉揉眼睛，拿起来闻一闻，有股奇特的清香，味道也熟悉。一拍大腿，哎哟，不就是父亲深恶痛绝的松茸吗？

老元拨开人群，撒丫子跑回家。山深林广，松茸到底长在什么地方？一路回想，怎么也记不起。加上从小刻在心底的坏印象，进山捡菌，从来不留意松茸的踪迹，他很担心，自己恐怕将同松茸的缘分丢了个彻底。

父亲听到老元带回的消息，问道："你确定松茸就是丢掉那种菌？"

老元不确定。

当晚，想发财想得睡不着的老元，干脆把父亲叫起来，摸黑进山。父子俩找了一夜又一日，把平常的线路摸了一遍，筋疲力尽，根本不见松茸的身影，沮丧归家。

帽厚、有顶孔，内含 8 枚子囊孢子，其中一般仅 2（4）枚发育成熟，其余败育。子囊孢子 200—280 × 5—6.5 μm，线状，无色，有密集的横隔但不断裂。

虫草炖麻鸭

干虫草

食材

去毛去内脏麻鸭

食谱贴士

主料： 干虫草26根、去毛去内脏麻鸭1只

调料： 精盐、味精、胡椒粒、葱头、生姜片适量

制法：

1. 麻鸭用清水漂透洗净沥出，虫草用清水漂去泥沙洗净取出。

2. 砂锅注入适量清水，放入麻鸭（水要没过鸭子），置中火上将水烧开，舀去血沫，加进胡椒粒、葱头、生姜片、虫草，盖上盖，移至文火上，慢慢将麻鸭炖烂，然后加入精盐、味精拌匀，拣出葱姜、胡椒粒，即可上桌食用。

“可能……松茸早就不长在这座山了呢？”父亲说。

老无还是想试一试，这座山不行，就下一座；东边山没有，就到西边山找。哀牢山北起楚雄市，南抵绿春县，近一万平方千米的面积，怎么可能没有松茸呢？老无这一试，就是一个月。老无每天凌晨进山，深夜回家，大半个月，瘦了，黑了，一无所获。

父亲劝他放弃：“捡菌讲求一个缘，我们家怕是和松

老人头

科普贴士

在真菌分类学中，老人头称为老人头松苞菇（*Catathelasma laorentou*）。

野生食用菌，分布于云南中部和西部。夏秋季节生于云南松和云南油杉为主的亚热带针叶林中地上，与树木形成共生关系。

菌盖直径 10—24 cm，幼时半球形，后期平凸形至平展形，边缘常内卷，表面光滑，幼时污白色，成熟后浅黄色、黄灰色或淡褐色，光滑或有时被污白色至淡黄色菌幕残余；菌肉白色，中央厚，边缘较薄，受伤后不变色。菌褶延生，白色至奶油色。菌柄长 6—20 cm，直径 1.5—6 cm，近纺锤形，向下渐细，菌环之上白色，菌环之下被黄褐色鳞片。担子 38—50 × 8—10 μm，近棒形。担孢子 8—15 × 4—7 μm，长椭圆形至椭圆形。锁状联合常见。

茸无缘了。”

一夜暴雨，老无继续进山。也正是这天，他终于通过了松茸的考验，成为“有缘人”。松茸生长的地方，和其他山林没有区别，往远处看，生长着云南松、高山栎和一些低矮的阔叶树。老无使劲用双眼印刻着此地的画面，他人生中第一个松茸菌窝，得来不易，永生难忘。最后，虔诚地，他搂起树叶将菌窝覆上，恢复成平平无奇的山间一隅。

之后一连几天，老无有事没事都要到菌窝瞧一瞧，生怕菌窝突然消失不见。陆陆续续，老无又在山上找到了更多松茸，并把这些菌窝牢记在心。

松茸价格一年一个台阶，老无的生活质量也蹭蹭蹭地提高了。

我问老无，还记不记得菌子是从什么时候开始畅销的。老无说：“大概是生活开始好了的时候吧。现在人们肚子里的油水多了，爱吃菌子的人也多了。”

这几年，野生菌已然成为“云南网红”，城里对野生菌的需求逐年增大。老无靠山吃山，一到雨季，就得结束每年的假日，进入工作模式。第一场春雨落地，香菇冒头，老无基本都是四五点起床。而到了采松茸的时节，老无更是半夜三点左右就得进山。

所幸，老无有个好媳妇。老无不论什么时候起床，他媳妇都已经在灶房里忙活好了早饭。他只管快速喝些

金沙老人头

鲜老人头菌

食材

熟咸鸭蛋黄

食谱贴士

主料： 鲜老人头菌 300 克、熟咸鸭蛋黄 5 个

辅料： 精面粉 80 克、干淀粉 60 克、鸡蛋 3 个、食用小苏打 1.5 克、上汤 100 克

调料： 上汤、白酒、蒜蓉、葱头、姜片、精盐、味精、胡椒粉、

花生油、白砂糖适量

制法：

1. 老人头菌去根、去泥沙洗净取出，切滚刀块，放入沸上汤中，加精盐、味精、胡椒粉、白酒、葱头、姜片氽熟滤出。

2. 鸡蛋　入盆内调散，放入精面粉、干淀粉、食用小苏糊糊，加点或烧或煮或蒸的红薯、洋芋，背上篮子，就可以出门了。至于带上山的晌午（中午饭），他媳妇已经用菜叶包好，放进篮子里。要么是红薯洋芋，要么是

打拌匀，投入制熟的老人头菌块裹匀，下油锅炸成金黄色滤出。

3. 炒锅置中火上，注入花生油，下蒜蓉炒香，放入熟咸鸭蛋黄压成茸，加进精盐、白砂糖、味精、胡椒粉炒透，接着注入上汤拌匀，将套炸好的老人头菌放入，翻炒至老人头菌块上均匀地裹满咸蛋黄茸即成。

鸡腿菇

科普贴士

鸡腿蘑，又名鸡腿菇，人工驯化栽培后，其菌柄粗壮，酷似鸡腿而得名。在科学分类中，因其昙花一现的短命个体、顶部的菌盖表面被有大量反卷鳞片而被称为毛头鬼伞(*Coprinus comatus*)。食用鸡腿菇时，应该避免饮酒。

幼时可食。成熟后个体变黑液化自溶为墨汁状，不可食用。文献记载有降低血糖的作用。分布于云南大部分地区，夏秋季生于路边、林中或草地上。可人工栽培。

菌盖未开伞时直径 3—6 cm，椭圆形、卵形至钟形，开伞后平展，表面白色至灰白色，被黄褐色鳞片，顶端圆顿；菌肉近白色。菌褶初期白色，后转为粉红，最后变为黑色，成熟时自溶。菌柄长 10—20 cm，直径 1—3 cm，白色，菌环可以上下移动或被撕破而脱落。担子 30—40 × 9—12 μm，饭团，有时候还会多一把火烧蚕豆。新蒸的米饭热气腾腾，加少许的盐，团成一个个拳头大小的饭团，再用柴炭火将表皮烤到焦香。这是他媳妇的拿手绝活，也是老元最喜欢的干粮。

上山捡菌，一去就是一天，每天多少都有收获。这是大山独给勤劳的山里人的馈赠。未开伞的，或者刚开伞的野生菌，老元都会单独放在篮子里，垫上松毛或者杂草。这些菌子便于运输，很受乡街和县城市场欢迎。松茸是个例外，无论什么个头，带到市场上很快都能成交。其他已然成熟的，则会成为老元家的晚餐。天黑到家，一碗鲜泼泼、香喷喷的菌汤，会拂去老元整天的疲惫。

60岁那天，半夜下了一场急雨，老元高兴极了，认为这是老天在给他贺寿。于是他下定决心，上山为自己捡一次松茸。都说松茸刚离土时最鲜香，捡菌多年，他从没舍得尝尝这滋味。60岁了，他一定要为自己捡一朵最大最鲜的松茸，并且当场尝一尝。老元越想越兴奋，以至于穿上雨衣雨鞋，去到菌窝附近时，天色还一片漆黑，松茸当然也还没“起床”。他百无聊赖，走到离松

棒形，4孢。担孢子10—13×7—9 μm，顶端具芽孔。囊状体50—80 × 15—20 μm，棒状至宽棒状。

干椒爆鸡腿菇

鲜鸡腿菇

食材

蒜瓣

食谱贴士

主料： 鲜鸡腿菇 350 克

调料： 上汤、蒜瓣、干辣椒、精盐、味精、胡椒粉、白砂糖、芝麻油、花生油、水淀粉适量

制法：

1. 鸡腿菇去根、去杂质漂洗干净滤出，切为小滚刀块盛碗内，加入精盐、味精、胡椒粉拌匀；干辣椒切为小节；蒜瓣切成片。

2. 小碗内注入上汤，加入精盐、味精、胡椒粉、白砂糖、水淀粉、芝麻油调匀，兑成碗芡。

3. 炒锅置旺火上，注入花生油，待油温升至六成热时倒茸窝十几米的地方，斜靠着老栎树，用树枝简单搭了个避雨的窝棚，蹲在里面静静等待。直到树梢的水珠落尽，东方才隐现金光。老无每隔一刻钟左右就要去看一看菌窝。他看着松茸一点一点破土、露头，再一点一点撑起。但他还在等，等山林完全醒来，等太阳把菌窝晒暖。松茸将醒未醒，伞盖将开未开时，是采松茸的最好时机。老无算好时间，心中松快，只是这一松，小腹坠胀，来了一泡急尿。年轻时忍得，年纪大了却憋不住，老无不

入鸡腿菇，滑熟后连油一起倒入漏勺中。锅中留底油，依次放入干辣椒节、蒜片炸香，将滑熟的鸡腿菇倒入，注入碗芡，将锅颠翻几下，淋入芝麻油拌匀，即可装盘食用。

黄虎掌菌

科普贴士

在真菌分类学中，黄虎掌菌称为大孢地花孔菌（*Albatrellus ellisii*）。

野生食用菌，分布于云南中部和北部。夏秋季生于亚热带至温带针阔混交林中地上，与树木共生。

菌盖直径 5—15 cm，半圆形至扇状，表面黄色、污黄色、黄绿色，密被同色粗绒毛状鳞片；菌肉奶油色至淡黄色，稍脆。籽实层体表面白色至奶油色，受伤后变为绿色，孔口圆形或多角形。菌柄长 3—6 cm，直径 1—3 cm，侧生至偏生，与菌盖同色，实心，硬。担子 40—50 × 8—10 μm，棒形，4 孢。担孢子 6—10 × 5—7 μm，宽椭圆形，无色，光滑，薄壁，非淀粉质。锁状联合常见。

想把菌窝旁边污染，只好急吼吼跑到不远处解决问题，又小跑回到菌窝。谁承想，等他回来时，松茸不见了！老无又气又急，到处翻找，将方圆几十米的地面掀了个底朝天，都没有松茸的踪影。直到在一截枯树桩旁，见到一串新鲜的陌生脚印，老无凉了心。沿着脚印，老无最终还是找到了他守护一夜的菌窝，已经被杂乱的草叶捂成一副他不认识的样子。拨开草叶，俯下身，凑到那空空的泥坑前，老无闻到了他期盼一夜的清香。

老无舍不得怪松茸，他只怪自己。

“怎么就忍不住尿呢！”

当然，老无很清楚，即便重来一次，他也还是会选择躲到旁边去，因为他不愿意让菌窝受到一丁点污染。

老无也不怪采走松茸的人，他知道，那都是“缘分”。就像他年轻时候费尽心机与松茸结缘，挣来了几十年的好日子，如今年岁更迭，是时候出现新的有缘人了。

此后，他便自封为“老无”，再不让人叫他“老吴”。

厚此薄彼的松露

表舅一家生活在一个叫马脖子的小山村，陡峭的半山坡上，容纳三四户人家已经是山坡的极限，随山耕种的苞谷、麦子，总是要从老鼠、鸟雀口中抢。贫瘠，是他生活的标签，直到大山送来了菌缘。

马脖子位置偏向山阴，生长的野生菌基本只有老剥

云腿炒黄虎掌菌

鲜黄虎掌菌

食材

云腿

食谱贴士

主料： 鲜黄虎掌菌300克、云腿35克

调料： 蒜瓣、青辣椒、精盐、味精、胡椒粉、菜籽油适量

制法：

1. 去掉黄虎掌菌根部泥土，洗净，切为片状；云腿切为菱形片；青辣椒切为马眼片；蒜瓣切为小片。

2. 炒锅置中火上，热锅注入适量菜籽油，依次放入云腿片、蒜片、青辣椒片炒香，随即投入黄虎掌菌片炒透，然后加进适量精盐、味精、胡椒粉拌匀，将锅颠翻几下，即可起锅食用。

皮、红里子菌、马皮泡。2005 年的时候，表舅听说松露可以卖钱，40 多元一千克，在离家不远的地方，就有人捡到过，卖了不少钱。说是不远，实际上要先下山，过万马河，再翻过几座山。但这样的距离，在习惯了吃苦耐劳的表舅眼中，根本不算远。可惜，他去了很多次，一直没能见过松露。他自认没有菌缘，只能埋头劳作。没几年，松露涨到了 1200 多元一千克，已经有人靠捡松露发了家，表舅又心痒了。和表舅妈一商量，凌晨三点

白牛肝

科普贴士

白牛肝因为其白色的菌肉受伤后不变色而得名，在真菌分类学中称为白牛肝菌(*Boletus bainiugan*)。

著名野生食用菌，产量高。分布于云南中部、东部和西北部。夏秋季生于针叶林或针阔混交林中地上，与树木共生。

菌盖直径6—10 cm，扁半球形至扁平，表面平滑或皱曲，有绒质感，淡黄色、黄褐色至灰褐色，有时有橄榄色色调，老时变淡；菌肉奶油色，受伤后不变色。籽实层体表面幼时白色至奶油色，成熟后淡黄色至黄色并带橄榄色色调，伤不变色。菌柄长7—12 cm，直径2—4 cm，近棒状至近圆柱状，污白色至淡黄褐色，中部及下部有淡褐色网纹，顶部有污白色网纹，菌柄基部近白色。担子22—27 × 9—11 μm，棒状，4孢。担孢子13—15 × 4.5—5 μm，近梭形。囊状体35—50 × 7—9 μm，近梭形。

多就起床，把猪食灌满猪槽，带上干粮，做好了不找到松露就不回家的准备。一路上，见到马桑树，就在附近使劲刨。“鞋子跑烂几双，耙子都刨秃了，还是找不到，我就不想再去了。但是媳妇非要去。半夜三更，她一个人害怕，叫我把她送到中和镇的几匹山下。我呢，继续回来耪庄稼。”

那年12月，天寒地冻。表舅到家，天已全黑，却发现表舅妈没回来，又气又急。

“那天晚上，他在河边接到我，劈头盖脸地就骂，说我为了松露，命都不要。”表舅妈提起这事，还心有戚戚，“回到家，我从篮子里拿出松露，把他吓了一跳。话也不说，转身就出门，半夜才提着半口袋河沙回来，把松露埋在堂屋门背后。”

表舅说，不管是坐车去县城，还是去中和镇上卖松露，都要等到第二天。松露采回来，要用半干的河沙保鲜才行。表舅妈太憋得住气，要是早点说，他们在回家路上就能顺道把河沙带回来，何必又跑一趟冤枉路。

问及表舅妈是怎样找到第一颗松露的，她回答说：“碰到的，也是我那天运气好。爬了好几匹山，太阳都要落了，突然看到离马桑树不远的位置，有人搂过叶子（秋天农村，人们常把山上干枯的松针、叶子耙回家，垫在猪牛羊圈里），里面有些黑黢黑黢的疙瘩。我不死心，去捡起来一看，有点像，摸黑把附近翻了个遍，先带回

肉花爆白牛肝菌

鲜白牛肝菌

食材

猪脊肉

食谱贴士

主料： 鲜白牛肝菌300克、猪脊肉120克

调料： 红泡椒、鸡蛋清、上汤、蒜瓣、精盐、味精、胡椒粉、白砂糖、葱姜汁、黄酒、芝麻油、花生油、水淀粉适量

制法：

1. 白牛肝菌去根浸入清水内，用毛刷刷洗干净取出，切滚刀块；红泡椒去把、去籽切菱形片；蒜瓣切小片。

2. 猪脊肉去筋洗净，剞菊花刀改为多个小坨盛碗内，加入精盐、味精、胡椒粉、葱姜汁、黄酒、水淀粉和鸡蛋清拌匀捏透，腌3分钟；上汤盛小碗内，加进精盐、味精、胡椒粉、家再说。”

表舅经常跑市场，识得松露。第二天到镇上，收松露的老板把表皮粗糙的、又丑又黑的都收去了，拢共给了 400 元钱。还剩下一些个头太小的，或是表皮光滑的，表舅带回了家。

白砂糖、水淀粉、芝麻油调匀，兑成碗芡。

3. 炒锅置旺火上，注入花生油，分别将切好的白牛肝菌和肉花放入滑熟后连油一起倒入漏勺中。锅中放少许油，依次放入蒜片、红泡椒炒香，随即倒入滑熟的白牛肝菌、肉花拌匀，注入碗芡，将锅颠翻几下，即可装盘食用。

草鸡坳

科普贴士

草鸡坳(*Amanita caojizong*)并不是鸡坳，它也不与白蚁共生。

云南地区性著名的野生食用菌，产量高。分布于云南大部分地区，特别是滇中高原。夏秋季生于针叶林或阔叶林中地上，与树木共生。

菌盖直径10—15 cm，成熟后扁半球形至扁平，表面灰色、深灰色至灰褐色，具深色纤丝状隐生花纹或斑纹；边缘常悬挂有白色菌环残片；菌肉白色。菌褶白色。菌柄长8—15 cm，直径0.5—3 cm，白色，常被白色纤毛状至粉末状鳞片；菌环顶生至近顶生，白色；基部腹鼓状至棒状；菌幕残余（菌托）浅杯状，白色至污白色。担子33—45 × 8—11 μm，棒状，4孢。担孢子6—8 × 5—7 μm，近球形至宽椭圆形，淀粉质。

“难么难看点，我们也整点尝尝。”表舅妈又捡到了新的松露，边说着，就准备挑些“难看”的下锅。表舅连忙拦下，现学现卖地科普道：“表面粗糙的值钱，表面平滑的老板才不收。”表舅妈大呼不可能。表舅笑着解释说：“就像男人，不能光看表面，要我这样长得难看的才更能干。”

有了好东西，表舅就打电话来邀请，让我们去他家吃松露。为了吃到表舅家的“飞山鸡”煮松露，从县城到他家山脚公路边，足足开了4个小时的车，又徒步爬了半个多小时的山才到。进门，鸡已炖炽，连锅放在桌子中央，香得让人发昏。

“煮了点松露在里面。”表舅妈往每个人碗里舀汤，混着一大勺松露，汤面漂着少许金色的油花。因为是老品种的本地土鸡，又经常在山林里飞来飞去，肉精瘦，几乎没有油脂。这样顶级的鸡汤，激发出了松露顶级的香气。我们都知道松露价格很高，不由心疼地说：“煮得太多了！”表舅却说：“昨天晚上打电话，你们确定要来的时候，公松露已经卖给老板了。这些煮的是母松露，自家人么，不要嫌弃。”我第一次听到“母松露”的说法。原来，公松露香味浓郁，营养价值高，才算得上真正意义的黑松露。母松露营养价值差些，味道也比不上公松露。可是在我看来，这已经是顶顶美味的了。松露和土鸡，都来自同源的山水养育，天作之合，才有了如此珍馐。

草鸡㙡凉米线

食谱贴士

主料： 鲜草鸡㙡 300 克、米线 800 克

辅料： 韭菜 30 克、豌豆尖 30 克、熟鸡丝 30 克

调料： 芫荽、精盐、芝麻油、胡椒粉、蒜末、姜末、白砂糖、甜酱油、麸醋、辣椒油、花椒油、芝麻油、干辣椒节、花椒、八角、花生油适量

制法：

1. 草鸡㙡洗净滤去水分，改为小条盛盆内，加入精盐、味精、胡椒粉拌匀腌 5 分钟。接着将炒锅置中火上，热锅注入花生油，放入干辣椒节、八角、花椒粒炸香，投入草鸡㙡条炸至熟透，呈金黄色，与炸油一起倒入碗中待用。

表舅妈没有上过学，分不清南北，只知靠太阳起落分东西。她都是通过观察已知松露窝附近的环境，牢记下来，再推测出其他可能长松露的地方。表舅识字，但

2. 韭菜洗净烫熟切为段；豌豆尖去须洗净烫熟，一起垫入凹盘中，并放入米线，撒入洗净并切碎的芫荽。

3. 将甜酱油盛碗内，加进精盐、胡椒粉、白砂糖、麸醋、蒜末、姜末、辣椒油、花椒油、芝麻油拌匀，调制成凉米线汁水，浇在米线盘中，撒上鸡丝，放入炸好的草鸡纵条（带一些炸鸡纵的油），拌匀即可食用。

大红菌

科普贴士

在真菌分类学中，大红菌包括数个亲缘关系相近的种，其中灰肉红菇 (*Russula griseocarnosa*) 因个体成熟后其菌肉呈灰色至暗灰色而得名。

大红菌是重要的野生食用菌，文献记载该菌具抗菌、抗氧化作用，也认为有补血作用。分布云南热带至南亚热带地区，夏秋季生于南亚热带常绿阔叶林中地上，与树木共生。

菌盖直径 9—16 cm，半球形至平展，表面深红色、紫红色至紫红褐色，表皮易撕离；菌肉初期白色，后期灰色至深灰色，不辣。菌褶白色至奶油色，成熟后带灰色色调，边缘常红色。菌柄长 6—10 cm，直径 1.5—3 cm，白色至灰白色，常带淡红色至粉红色色调；菌肉初期白色，成熟后灰色至暗灰色。担子 40—50 × 10—13 μm，棒状，4 孢。担孢子 8—10 × 6.5—8 μm，近球形至椭圆形，表面被淀粉质的锥状小刺不多，他靠每次出售松露时，与老板、采菌人和乡镇工作人员的交谈来获取知识，加上虚心好问，很快就成为松露行家。自那之后的很多年，表舅家的分工一直是表舅妈上山找菌子，表舅负责分拣、售卖。表舅妈捡松露，也从最初的不分大小公母“一锅端”，变成了后来只捡公的、成熟的，学会了留种，保护菌窝。公松露形状近圆形，纹路清晰，颜色深，瘤粒粗，香味浓烈；母松露有自然凹陷，纹路平滑，颜色浅黑，瘤粒细，香味淡。表舅常年去市场，导致大家都以为表舅“能捡菌子”。

入山找松露的人越来越多，有的人不懂，在松露没有成熟时就开始挖，导致松露产量并不稳定。加上收购的价格变动大，表舅家的年收入最高时超过5万元，少的时候则只有万把元。或许这只是城里人几个月的收入，但对于表舅一家，这意味着翻天覆地。要知道，表舅家多年存款从未超过三位数。如果没有松露，表舅不可能

（刺长 1.5—2 μm），上脐部淀粉质。侧生囊状体丰富，100—150 × 13—20 μm，梭形，顶端细尖，中部厚壁。褶缘囊状体与侧生囊状体相似。上述形态描述反映的是灰肉红菇的特征。

大红菌炖排骨

食材

食谱贴士

主料： 干大红菌 100 克、猪排骨 500 克

调料： 花椒、姜片、精盐、味精、胡椒粉适量

制法：

1. 干大红菌洗净，再用清水洗净泡透取出，挤去水分，改成马眼块状（泡菌的水不能太多，淹过即可；泡的时间不能太长，浸透即成）。

2. 将猪排骨清洗干净，剁成小块。放入开水锅中氽去血污滤出、洗净后放入砂锅中，注入泡菌的水和适量清水，放入花椒、姜片，大火烧开，匀去浮沫，转用小火将排骨炖至七成炬时投入大红菌块，继续将排骨炖炬，随即加入供出两个大学生，也不可能到县城安家落户，完成今日“山里人”到“城里人”的转变。

然而，直到今天，表舅也从未捡到过属于自己的松露。

“在山上，他像鬼撵着样，不耐烦好好看山形，更不会仔细刨。”表舅妈抱怨道，“他好啰唆的，整天指着我拿回来的松露，跟我讲这个不要采，那个要留种。

精盐、味精、胡椒粉调味，拣去姜片、花椒，舀去浮沫即可食用。

每次出门，还要让我要把刨过松露的土和树叶盖回去。”

表舅十分坚持：“我是怕你把松露挖绝种了。只管挖不顾盖，长不好，最后害的是我们自己。”

虽无菌缘，却有护菌之心。表舅的质朴，或许才是真正感动了大山的根由，否则，表舅妈又如何能够一直捡到松露呢？

野生菌与忠粉

野生菌对于老无和表舅而言，首先是生活本身。对于定居城市的人而言，野生菌或许更多的是一种情趣和消遣。

云南的城市，与山往往亲近，人亦如此。譬如我身边的昆明人，爬西山，一定是他们最钟爱的活动之一。姨妈很小的时候就到楚雄工作了，厂子附近有山有地。虽是城市，却有山野，有田园，是区别于钢筋水泥的风光。

雨季，下班。姨妈会先回家，插上电饭锅，然后带上提箩出门，向山而行。她是属于极有菌缘之人，但凡上山，从不空手。不出两个小时，满满一筐，青头菌、牛肝菌、干巴菌，回家清洗干净，搭着菜园地里的青红辣椒、小葱、大蒜，极美。姨妈经常开玩笑，说附近这些山，都是她的菜园子，什么时候想吃，去了都能捡到“菜”。上山中途，遇到捡菌回来的熟人，收获不大，好心提醒她：“我们天不亮就出来啦，这片基本没有了。你换个地方，要么过几天再来吧。”她点点头，却不改道，只说：“随便走走就回。”神奇的是，每回的随便走走，都是满满一篮子菌。怕人眼红，还用一块花布盖住，装作什么也没有的样子。时间长了，有人发现端倪，知道她遭菌喜欢，便悄悄跟着，甚至故意快走几步，跑到她前面去，意图截和。那又如何？菌子该是谁的，还是谁的。

姨妈十分不屑道：“那些人好像眼睛看不见一样，就从菌子头上跨过去，甚至踩坏了，都不知道自己错过了。他朝前，我殿后，同样一条路，哪怕我跟着他呢，还是只有我看得见。悄摸摸捡完，再把杂草枯叶盖回去，他一转头，根本不知道我在哪里捡的。再把菌窝记住了，第二年差不多的时间，那里又会出菌。”

跟姨妈去捡过几次菌，我深知这事根本没她说的那般简单。野生菌们其实都很擅长伪装，藏在草丛里、枯叶下，很容易让人忽视。姨妈的眼睛好像装了探测器，不管野生菌藏得多深，她一眼看去，就知道该不该伸手。所谓看得见和看不见，可不是视力好坏能区分的。

节假日，姨妈爱背上竹篮，到更远的山上，捡更多的野生菌回家，分类、清洗、切片。或晒干片，或盐浸，或冷冻，或炒制，或油炸。冷冻的分包存放在冰箱里，想吃的时候，拿一袋解冻加热，一年四季都能吃到爽口的菌子。冻菌子也成了姨妈走亲戚看朋友的必备礼物，颇受欢迎。

对待野生菌，姨妈有自己的坚持，甚至可以称作固执。即使在20世纪90年代，她要供两个孩子到昆明读书，不论野生菌数量是否富余，不论市场上野生菌价值几何，她都不愿出售。在她看来，野生菌不是商品，而是一种来自家的味道，是珍贵的情谊。因此，她送亲人，送朋友，送邻居，只要她有，毫不吝啬。后来，她到昆明带孙女，“菜园”变成了周边的金殿、筇竹寺、白沙河，菌缘依旧。因着菌缘，每每上山，她都能交一大拨新朋友。雨季过去，新朋友就成了老朋友，依旧相约，再盼来年。

买菌

《周易·系辞》有言:“日中为市,致天下之民,聚天下之货,交易而退,各得其所,盖取诸《噬嗑》。”噬嗑是六十四卦之一,象征着颐中有物,啮而合之,既指向以刑法治国,也指向市集交易繁忙。神农氏根据此卦,始作集市,首创贸易,在太阳最高的正午日中时,让商旅们聚集在市场上进行贸易活动,形成了最早的市场。

云南的野生菌市场,早期也是应时因地,顺应老百姓的需求而自发产生的,多在山脚路旁,集聚交易。没有专人管理,规矩全凭自觉,规模增大也是因为口口相传。在我家乡永仁,就有这样的市场。

108 国道横穿永仁县城,国道旁烈士陵园门口,有一片开阔的空地,斜对面是县车队。因着交通便利,人车交会,一直有买卖野生菌和蜂蛹的季节性市场。每到上新季,省内外买家就会自发聚到此处。在出野生菌的高峰期，空地容纳不了过多人流，市场便自动沿路延伸好几千米，甚至摊位摆到县城中心。不论外出走亲访友的，还是探亲结束返程的、路过下车休息的，只要想购买野生菌，随地都能完成交易，随时都能坐车离去。四川攀枝花市就在永仁隔壁，买家往往也是最豪横的。但凡入眼的，几大袋称好立即付款走人，驱车一个小时到家，当天就能请客吃山珍大餐。

一开始我不了解，这样“不规范”的市场，外地人为什么也能如此放心？买菌多年的妈妈告诉我：“这些大家心里都有数的，不存在骗人或者被骗。你看，买开盘菌的，大多数是自己回家就做了吃；买未开的肯定是送人或者留着待客。”

“贩子”是永仁人对专门从事野生菌买卖，赚取差价的人群的称呼。“贩子”是活跃于永仁野生菌市场的主力军，他们在周边收货，进行初步分拣，集中到市场售卖，价格随行就市。节假休息日，隔壁攀枝花人喜欢扎堆来，四五辆车过后，一拨菌子剩下的也不多了，直到下午五点左右，外地来买菌的人开始减少。这时，本地人逐渐多起来。这时段的本地人，大多空闲，散步似的，一边闲逛，一边等上山捡菌晚归的售卖者。这些售卖者，很多便是所谓“捡菌子的”。这些人不属于“贩子”，他们捡到就下山卖，卖完就回家，从不逗留。勤快的“贩子”也会蹲守着，等着收购一天当中的最后一拨菌。有些本地人想要买菌当天吃，又没空等菌，也会联系相熟的“贩子”帮忙留意，沟通好种类、数量和取菌子时间，就可以坐等好消息了。“贩子”要赚差价，菌子会更贵，不过节省了时间，本地人也愿意让他们赚取辛苦钱。下午6点以后，离家远的售卖者离开，沿路市场逐渐落幕。剩余的售卖者会搬到清华街邮电局门口，形成晚市。天黑时买菌，往往能捡漏。自己买回家吃的菌，开盘或潮湿，都不大影响。“贩子”也会专门说明，便宜打包卖出。

在永仁，卖野生菌的不论是“贩子”还是“捡菌子的”，我都没有听过卖假菌子，或者强买强卖的。也有人找“贩子”麻烦，多数情况都是认为自己“买贵了”。这时候，“贩子”就会从菌子的种类、品相、生长区域、收菌途径进行对比解释。还有人认为菌子被发水了，怀疑商家注水，“贩子”也很耐心，会解释说，长菌子的地方正在下雨，这才导致菌子水汽重，末了还会特意提醒，这样的菌子放不住，要尽快食用。“捡菌子”的因为少了赚差价的中间商，一般来说价格更便宜，不过要是去晚了，这样实惠又新鲜的菌子就会被“贩子”收购。若想抢得第一手好菌，去得早是一方面，去得巧也很重要。捡菌要缘分，买菌又何尝不是？

如今，108国道上的野生菌市场已经完成了它的历史使命，变成了新时代的规范道路。“贩子”和“捡菌子的”加入了古城农贸市场和清华街小农贸市场，有了指定的野生菌售卖专区。摊位整洁，野生菌琳琅满目，一如既往地生机勃勃。

在云南，像永仁这样的自由市场不在少数，从城市到乡村，犹如满天星火。有人气、有口碑的市场则摇身一变，向实力市场转型，形成了有影响的专门野生菌市场。

全国最大的野生菌交易市场——云南木水花野生菌市场

开市于2005年初的云南木水花野生菌市场（以下简称木水花），一开始只有10多家农户进驻。卖菌人少，买菌人也不多，但渐渐地，周围居民发现，木水花的野生菌价格比其他地方实惠，顾客越来越多。有原先在菜市场卖菜的商贩嗅到商机，从木水花低价进货倒卖，意外抢手，开始转行，固定了进货渠道，专卖野生菌，成为木水花忠实的一批店主。2005年底，进驻商户已有近80家，当年市场交易量达到1.97万吨，交易额达19.7亿元。

身处省会城市昆明，依托全省得天独厚的野生菌资源，木水花很快名扬四海。如今，它已经成长为全国最大的野生食用菌经销、物流中心，售卖有鸡㙡、松茸、干巴菌等250多种野生食用菌。根据云南省食用菌协会统计，木水花的野生菌交易量占全国野生食用菌交易量的80%左右。在云南，每交易十朵野生菌，就有九朵出自木水花野生菌市场。木水花的影响力和知名度，不仅让全国20多个省区市的食用野生菌汇聚于此，还吸引了巴基斯坦的羊肚菌、朝鲜的松茸、缅甸的鸡㙡、越南的大红菌等品类。野生菌远销美国、日本、韩国等40多个国家和地区。

木水花的新鲜野生菌批发，一般集中在深夜12点到早上7点。大多数商贩从子夜就开始忙于收货、分拣、修剪。随着野生菌交易量的增长，批发时段增设了下午2点到6点。其余时段则为零售时间。多数进驻市场的商户，都拥有自己的店铺和冷库，当天卖不完的野生菌会放入冷库保存，或者冻干分批销售，以获得持续的收入来源。

市场内的野生菌货源并不局限于云南，来自贵州、四川、广西、湖南等省份的野生菌也会在这里销售。此外，朝鲜松茸、缅甸鸡㙡、老挝红菇、巴基斯坦羊肚菌也能在这里买到。来自各地的菌子上市时间交错，品种互补，再加上冷冻保鲜保存，即便野生菌落潮，木水花里仍能买到多样的野生菌。各种野生菌干品、油炸制品更是不挑季节，全年有售。

政府“菜篮子”和“民生工程”的新建定点市场——昆明市北苑农产品综合批发市场

占地面积100多亩的昆明北苑农产品综合批发市场，

礼品店
菌海之都
云南木水花野生菌市场

云南木水花野生菌市场

云南木水花野生菌市场位于云南省昆明市。该市场售卖的野生菌种类多达200多种，涵盖了云南常见的所有可食用菌品种，如羊肚菌、松茸、青头菌、干巴菌、牛肝菌等，以及许多珍稀品种。旺季时每天菌子的交易量可达几百吨，日均人流量超过2万人次。游客可以在这里购买到新鲜的野生菌，也能感受到浓厚的市场氛围。

位于昆明市盘龙区东三环北苑，2012年6月15日开门营业始，就有野生菌专营商户100多家，主要以云南野生菌批发和零售为主，成为当时西南最大的野生菌批发市场，满足了昆明市民及以周边市县的野生菌采购需求。

北苑农产品市场除了注重对价格的把控，让广大市民能够以低廉的价格享受到美味的山珍以外，更加注重产品的品质。市场内贩售的农产品，都需要接受严格的质量检测，以此保证让消费者每一分钱都花得物超所值。

“觅云良造”是北苑农产品市场于2023年推出的自主品牌，旨在为消费者挑选云南最精良的特色农产品，打造最值得信赖的农产品品牌。

昆明其他菜市场的野生菌摊位

除了以上两个大型的野生菌商贸流通市场外，昆明还有许多升级、改造、重建、新建的菜市场，分布在大街小巷，里面都有野生菌的专用区域。如：

篆新农贸市场，位于昆明市五华区新闻路270号。2021年，市场设置野生菌交易区，成为昆明市二环范围内首个野生菌交易专区，有专人巡视，把毒菌拒之门外。这里的野生菌虽然比其他市场价格略高，但由于地理位置优越，生意火爆，深受附近居民欢迎。

五里多农博广场，前身是老东站菜市场，位于官渡区五里多村吴井路266号。老东站菜市场一度是老昆明人心中最平价的菜市场，是老昆明人的心尖尖。除了附近的居民，还有不少人专程赶来买菜，据说日均人流量最高曾达4万余人，并且其中70%是中老年人。在里面，只要你开口，不论购买什么野生菌，都有热心的老人家会跟你说道一二。

其他诸如理想海鲜市场、东华新迎农贸市场、海源寺乡街子、如平村乡街子等等，也是各自拥有铁粉，野生菌卖得风生水起。

集野生菌产地和野生菌交易集散地于一体——南华野生菌交易市场

南华县位于云南省楚雄州，地跨金沙江、元江、红河三大水系，G56杭瑞高速公路、广大铁路、昆楚大高速铁、320国道和217省道穿城而过，是滇东与滇西之间的交通要冲，素有“九府通衢”之称。南华县境内山区面积大、森林类型多样、气候立体的环境优势，蕴藏着290多种已知的可食用野生菌，资源年蕴藏储量1万多吨，松茸、块菌、羊肚菌、鸡油菌“四大名菌”，鸡㙡、干巴菌、牛肝菌、虎掌菌等多种名菌均有分布。素有“野生菌王国”“中国野生菌之乡”“中国野生菌美食县”的美誉，是全国重要的野生菌产地和野生菌交易集散地。每年8月左右，南华都会举办以野生菌为主题的美食文化节，至今已成功举办了20届，吸引着大量游客与野生

云南·南华国际野生菌交易中心欢迎您
入口

南华国际野生菌交易中心

南华国际野生菌交易中心位于云南省楚雄州南华县，于 2024 年 8 月 8 日开市运营，是全国最大的野生菌交易中心。该中心以“菌杆为脊、彩云做顶”为设计灵感，集野生菌交易、电商、物流、科普、文化展示等功能于一体，是南华县推动野生菌产业融合发展的重要平台。

菌爱好者。

当前，南华县正在实施云南·南华野生菌加工产业园建设项目，旨在全力打造集野生菌精深加工、交易、新品研发、品牌与市场孵化、仓储物流及文旅产业为一体的一、二、三产野生食用菌全产业链。

中国·云南野生食用菌交易会举办地——易门野生食用菌交易中心

易门县隶属云南省玉溪市，地处滇中昆明、玉溪、楚雄三州市交界处，距省会昆明94千米。得益于优越的森林资源，易门野生菌多达400种以上，其中食药用菌183种。常见类群有牛肝菌类、红菇类、乳菇类、口蘑类、块菌类、鸡油菌类、地花类、革菌类、蚁巢伞类等。其中，经济价值较高的有白牛肝菌、红葱、白葱、干巴菌、松茸、块菌、鸡纵等。易门先后获得了中国·云南野生食用菌交易中心、中国食用菌协会野生食用菌易门基地、中国食用菌协会野生菌研发应用基地、云南省特色餐饮发展示范县等荣誉称号，“菌乡易门”已成为远近闻名的亮丽名片。首届“中国·云南野生食用菌交易会”始于2005年，一直延续至今。

值得一提的是，易门还拥有全国唯一的野生菌博物馆，感兴趣的朋友可前往参观。

中国最大松茸交易市场——香格里拉松茸交易市场

迪庆州从1985年起开发松茸市场，目前，松茸已成为其最主要的出口产品。新建的香格里拉松茸交易市场，经过不断扩容升级，拥有了铺面、冷藏库、低温冷库、速冻库等，已经成为中国最大的松茸交易市场，不断有来自云南、四川、西藏的松茸在此进行交易。2021年，香格里拉机场开通1架松茸全货机，松茸24小时皆可通过空运，快速到达全国60多个主要城市，48小时内覆盖全国200多个城市。之后，迪庆香格里拉机场、昆明长水机场各自投入了松茸全货机，并在迪庆松茸产区投入一批无人机，搭建松茸空中运输走廊。迪庆已成为名副其实的“松茸之乡”。

从云南省松茸资源分布情况看，除迪庆州外，大理州的剑川县、鹤庆县、永平县、巍山县，丽江市的玉龙县及古城区，楚雄州南华县，怒江州兰坪县及昆明市的嵩明县、禄劝县等地也有产出。因此，除了去到迪庆当地，也有其他市场可满足松茸购买需求。

人背马驮早已是过去式，新时代的便利交通，助力着云南野生菌飞出云南，飞往全国，飞向世界。云南野生菌交易市场始于云南，却早已不止于云南。

香格里拉松茸交易市场

香格里拉松茸交易市场位于云南省迪庆州香格里拉市区，是全国最大的松茸交易市场之一。该市场可满足松茸交易、中转、冷藏、速冻等需求，每年7—11月松茸季，逾2000吨来自云南、四川、西藏等地的松茸在此交易，是松茸流通集散的重要枢纽。

松茸寄递 专业包装更安全

消失的民间雕刻师

雨水到，菌子笑。

菌子怎么笑我不清楚，但我知道，野生菌时节里的云南人，脸都笑成了一朵菌样。

云南作家王红彬在《野菌生南华》一文中写道："风，撩起青头菌的彩裙；雨，打湿老勒皮的霓裳。惊雷为松茸菌开道，闪电为鸡㙡菌发光。人们为菌欢呼，为菌兴奋，为菌疯狂。菌子大如天，野菌大爆炸，人们登高不为望远，只为一睹野菌的芳容。"字里行间，妥妥一副菌迷形象。全部有关高兴的成语，譬如手舞足蹈、眉飞色舞、神采飞扬、心花怒放、欢天喜地，简直就是为此时的云南人量身定制。

可谁又知道呢，这篇文章竟是一场"骗局"的产物。

多年前，王红彬和朋友相约参加南华野生菌美食文化节，饱尝鸡㙡、松茸、干巴菌、牛肝菌、松乳菇等大量野生菌后，结束于一个细雨绵绵的傍晚。返程途中，意犹未尽，恰巧看到路边，两个五十多岁的男子在土坎上瑟瑟发抖，便踩了刹车。男子面前，几个小竹筐放在脚下，看得出筐里是鸡坳样貌。冷风瑟瑟，天光昏暗。男子说，跑了一天山，要等卖完菌子才回家吃饭。问了一下价格，似乎也不算贵，难免有些同情心发作，也不还价，商量着把菌子全部买了，正好带点给家人尝鲜。

到家后，献宝似的炫耀一番，开始洗鸡坳。一个个大长腿外面裹着南瓜叶，用青草捆住，只露出新崭崭的小帽。仔细地刮去腿上的泥土，洗三遍后水终于清了，其间无数次感叹鸡坳鲜嫩，直到撕菌子时（烹饪的菌丝一般不用刀切，而用手撕），才发觉手感不对。一家人围拢，拿到灯光下仔细辨认，看不出端倪，用鼻子嗅时，发现竟没有鸡坳的香味。直到第二天，几番望闻切尝，再对比剩余挤在菜篮子里栩栩如生的"鸡坳"，终于确定，原来二百多元买的，不过是菜市场几块钱一斤的茭瓜。

"怎么能叫假鸡坳呢？明明是艺术品！把随处可见的茭瓜雕出可以乱真鸡坳样，连鸡坳纹路上的泥土，包裹用的瓜叶、青草，所有细节无一处不到位，可见其态度之认真，可以称得上是很有创意的民间艺术家、雕刻师！以后等他们赚了钱，生活好了，市场更规范了，这样的雕刻师恐怕就不复存在了。"王红彬感叹道。

无独有偶，我也曾在乡间路边遇到过一位雕刻师。小贩同样乡野打扮，货品不多，打出一副贱卖的架势，价格相当诱人。每当有人想翻看一下鸡㙡的品质如何时，小贩就会赶紧拦住。“不能动不能动！鸡㙡只能看不能动，一动就碎了，你若不买我怎么办呢？”要是谁受不了诱惑，掏钱让小贩装袋，那么回到家，他就会发现，自己得到了一堆用萝卜雕刻出来，并用泥巴染色的假鸡㙡。只不过，这样的雕刻师大多只出现在车多人少的路边，游击似的，今天这里卖一卖，明天那里卖一卖，用低价引诱不了解野生菌行情的人，几乎不会出现在正规市场。

鸡㙡不仅雕刻件多，冒名顶替者也不少，同样充满低价诱惑。朋友在高速公路临时停车点，看到当地老人小孩在卖鸡㙡，便下意识以为他们就住在山上，肯定不会卖假。最后竟在小孩的软磨硬泡之下，花 700 多元买下了几大堆鸡㙡和松茸。回家路上，朋友越想越觉得蹊跷。直到后来，才有“懂行”的野生菌爱好者告诉他——买的是野生菌没错，但不是真正的鸡㙡和松茸。冒充鸡㙡的是一种叫抱母鸡的野生菌，价值几块钱一斤，但是没有市场，也没有人会要；冒充松茸的是一种叫作老人头的野生菌，同样，价钱便宜得多。若是仔细些，对野生菌熟悉的人还是比较容易分辨。真鸡㙡每一朵形状都不尽相同，菌柄较细，菌盖一般是铁灰色，且放在手里感觉比较轻，菌盖和菌柄疏松；而杏鲍菇或是茭瓜雕刻而成的假鸡㙡，放在手里比较沉，因为它们质地比较结实、细密；从味道上来辨别，则更准确，因为无论鸡㙡菌新鲜还是干燥，身上都带着一股野生菌特有的香味。至于分辨松茸与老人头，也有诀窍。与新鲜的松茸相比，老人头在色泽上偏淡，不具备松茸的鲜明色泽，密度也比松茸大。换句话说，老人头看起来就很“硬”，手感捏起来也非常硬，不具备松茸张弛有度的肥厚感。再者，松茸是剥皮菌，可以轻易去掉表层菌皮（松茸皮具有特殊的中药功效），老人头则不行。

再看新闻，有人在街边看到论筐卖的干巴菌，品相极佳，一筐380元，带筐称重，十分划算。买回家倒出来，结果净重只有4两，比市场里还贵一大截。有人一袋打包买的，以为是某一种菌子，却发现中间夹带了许多不值钱的杂菌。有人买的时候，看表层菌子又大又新鲜，完好无损，回家清洗时才发现，底层隐藏了坏菌和长虫的菌。

以上种种，都是过去发生在路边摊，或者是管理无法到位的零散市场的真实事件。近年随着市场走向正规，这样的现象已经大幅减少，“优秀”的民间雕刻师们几乎已经消失不见。但是诸位朋友，既已读到此处，便请耐心再听我啰唆几句。天上没有白掉的馅饼，地上没有白捡的菌子，倘若不是对辨认野生菌有着十足的自信，还是莫贪便宜，一定要到正规市场购买。缺斤短两、张冠李戴事小，若是误食毒菌，可就不是开玩笑的了。

现如今，云南的野生菌市场越来越多，各地的管理也在加强，购买时到正规的市场，就能买到“放心菌”。如果实在拿不准，也可以跟在逛市场的当地人身后组队。买菌的大爷大妈都很热情，不仅会给你介绍种类，给你分享许多美食秘诀，有时还会热心地帮你砍价，也是很有意思的事。

卖菌人中，或许有投机取巧之辈，但绝大部分云南人在面对野生菌时，还是会秉持一颗淳朴之心行事。小李就是如此。

“我骗人了。”

楚雄永仁的小李告诉我，她再不做菌子贩卖商了。

“90年代的时候，我从老家来县城打工，听人说收牛肝菌干片卖很赚钱，于是借了点钱就匆匆入行了。”

由于本金较少，小李选择在城边收购二手的干片，或者捡捡漏，收购一些农户自家烤来卖的干片。辛苦两个多月，不算人工成本的话，收入勉强持平，可是根本没有赚头，实在灰心。可就在她准备洗手不干时，再一盘算，发现前一天竟然赚了不少。沮丧一扫而空，小李早早上床睡觉，暗下决心，第二天一定更加卖力。

谁料，第二天出门前，小李翻遍所有蛇皮口袋找不到秤砣。又在家里翻箱倒柜一通，秤砣仍不见踪影。

“头一天就没找到，我没在意，以为忘在家里呢。卖干片的时候没秤砣用，就借了别人的称。”

小李思来想去，仍有带过秤砣出门的印象，再盯着眼前的干片，灵光一闪，终于记起缘由。

“突然想起，头一天出门前，秤砣好像是顺手放进了蛇皮口袋的。结果运气好，刚收完第一家的干片，就装了满满一袋，再转身，又碰到个爽快的老板收购，直接称过就给了人，根本没想起袋子里还有我的秤砣。我的老天爷，真是坑人！我赶紧到卖菌子的地方，到处打听那老板，才晓得那个老板只是过路的，昨晚连夜就走了，根本联系不上。我心虚啊，你说，那个老板要是从干片里发现秤砣，他心里会怎么想？一定会认为我们这里的人不诚实，会骗人。但我不是那样的人啊，我们永仁人做生意也不兴那样啊！”

别人都劝，这只是一桩不值得在意的小事，别的地方，把茭瓜雕成鸡纵，照样卖鸡纵价呢。小李却越想越不安，越想越愧疚。回到家，她把收菌卖菌的工具全部塞进床底，执意去昆明打工。小李这样“傻”，恰恰让打工的老板喜欢。老板教了小李做生意的门道。等我认识小李的时候，她已经攒到些钱，在县城开了一个小商店，日子和美。

正因市场中有许许多多像小李这样的诚信商家，云南野生菌生意才能做大做强。

走访了昆明多个野生菌市场，卖主都说，现在早已没了“雕刻师”，市场也没有假菌。但由于产地和各地菌名叫法不同，误会还是时有发生。湖南来的“青头菌”，实际上是云南一种叫“老瓦青”的菌子；很多人只知红牛肝菌，即红见手，不知它又叫红葱，便把红葱和红菌混为一谈；还有人来到菌子面前，铜绿菌和谷熟菌傻傻分不清楚；再以干巴菌为例，云南的干巴菌有好几个品种，滇中地区和普洱及以南地区产的干巴菌，根本不是同一个物种，所以口味完全不同，但拿到市场上又都叫干巴菌。买错，可不就成了很正常的事吗？

除了买错菌，云南各处食菌的选择也多有不同。因为即便买对了菌，也很可能吃到不同的滋味。

20世纪90年代，永仁人尤其喜欢吃白葱菌，但昆明人拒不接受。永仁人觉得好吃，昆明人觉得难吃，互相不能理解。有一回，昆明的亲戚到永仁，临走时带了七十多斤回昆明，准备分享给朋友，结果昆明的家人一看是白葱菌，说什么也不同意。眼看菌子就要放坏了，亲戚便拎到菜市场，准备自己给它贱卖了。他反复强调“很好吃”，但昆明人就是不信，还说他卖“假菌子”“骗人”。实在卖不出去，亲戚又拎回家，亲自炒了一大盘，强迫家人尝过之后，家人才对白葱菌有所改观。原来，永仁的白葱菌鲜香嫩，昆明的葱白菌则有股酸味，明明是同一种菌子，却实实在在是两种味道。又例如松毛菌，永仁人是不吃的。永仁的松毛菌不论多鲜嫩，总带有一种奇怪的酸味，云南其他地方的松毛菌则不然。

菌山

“云南三迤多山，平坝殊少，山之高者动在距海面若干万千尺。人以足力盘旋而上，有达三四十里，有达五六十里者，甚至一上一下即劳两日足力，问其路程上下，俱为七八十里也。凡属此者，山巅之气候当然与山麓悬殊，高处必寒，而低处必热也。此在云南境内随处皆有所见，是为一种寻常事。”《云南掌故》如此记载。简单来说，就是“一山有四季，十里不同天”。复杂的山地，造就多样的气候，于野生菌而言，恰恰是天时地利。

我母亲的老家，在永仁县一个叫箐头的小山村，村子被两条小河包裹，四面环山。它们被称为对门山、河对门、大火塘、房背后。每座山各有不同，产各自的野生菌。遇到捡菌的人，他会告诉你，这是“河对门”鸡㙡，那是“房背后”青头菌。如此，便知道菌的来处。同样的命名法则，云南大多适用。

云南多山，山多有菌。若有菌山之名，必是此山野生菌品种多、品质好。因着菌山的名字，我们能够知晓野生菌的家乡，有时也能作为某种菌类品质的参考。就好比“香格里拉松茸”，地名在此处起到了和山名同样的作用，俨然成了松茸的金字招牌。

百菌园

百菌园位于南华县五街镇西北部咪黑们村的，属于哀牢山。百菌园名为“园”，实为“山”，海拔 2450 米，总面积达 1000 多亩，是五街镇最核心的松茸保育促繁基地，同时山内还有牛肝菌、虎掌菌、刷把菌、红菌等数百种野生菌，“百菌园”之名也因此而来。南华松茸品质极佳。有人说，“云南松茸看南华，南华松茸看五街”，而在五街，最精品的松茸，正是出自百菌园。

像百菌园这样的实力菌山，只是南华菌山的冰山一角。南华县 250 万亩的林地孕育着超过 400 种野生菌，野生菌年蕴藏储量超过 1.5 万吨。2023 年，南华县野生食用菌集散交易量达 1.2 万吨，交易额达 15.3 亿元，综合产值 61.7 亿元。除了五街镇，南华县辖区的红土坡镇、龙川镇、沙桥镇、雨露乡、一街乡、罗武庄乡、五顶山乡、马街镇、兔街镇境内 16.27 万公顷森林，同样是产菌大户。在众多菌山的共同努力下，南华以一县之力囊括“世界野生菌王国”“中国野生菌美食县”“中国野生菌之乡”

等称号，以野生菌品种多、产量大驰名中外。

南华所处的哀牢山，是分布于云南省大理白族自治州、楚雄彝族自治州、玉溪市、普洱市、红河哈尼族彝族自治州5州（市）16个县（市、区）的大型山地，属于云岭余脉的东支。3000米以上的山峰多达20余座，主峰大磨岩峰海拔3165.9米。气候垂直分布明显，从山麓至山顶依次为南亚热带、中亚热带、北亚热带、暖温带、温带气候特征。总面积近1万平方千米的森林里，生活着绿孔雀、黑长臂猿、黑叶猴、穿山甲、苏门羚、斑羚等珍稀动物，生长着桫椤树、水青树、水杉等1000多种植物。如此优越的自然环境，正是野生菌的天堂。松茸、鸡㙡、青头菌、香蕈、木耳、牛肝菌、大把菌、松毛菌、冻菌、荞面菌、黄罗伞菌、鸡油菌、干巴菌、松露等近千种野生菌均有生长。

玉溪易门菌山

“菌乡”易门地处滇中腹地，属中亚热带高原季风气候。冬无严寒，夏无酷暑，阳光充足。易门东、北、西三面高山屏立，西北部有海拔最高的老黑山顶雀窝尖山，海拔2608米。老黑山沟谷纵横交错，与毡帽山、深窝山、小黑山、大光山等叠嶂绵延，有着185.7万亩森林，地形复杂，气候立体，孕育了干巴菌、松露、松茸、鸡㙡、牛肝菌、青头菌、老人头、鸡油菌、谷熟菌、铜绿菌、虎掌菌、珊瑚菌等400多种野生菌。

易门矿产资源丰富，土壤特殊，使野生菌类的天然含硒量高于其他地方，这个说法是有实证的。《滇中易门地区富硒土壤物质来源及其天然富硒野生菌初步研究》中称：“易门野生食用菌天然含硒量普遍高于国家富硒食用菌标准，均为天然富硒野生食用菌，其中干巴菌为最富硒，每千克含量2—10毫克（国家食品中硒含量标准：食用菌0.05—20毫克／千克为高富硒）。”

每年七八月，易门都会举办中国（云南）野生食用菌交易会，游人如织。2023年的中国（云南）野生食用菌交易会首个交易日，完成菌类商品交易总量达327吨，交易额达到了4900多万元。因野生菌量大、质优，易门因此获得“中国野生食用菌之乡”“野生食用菌美食之乡”“中国食用菌协会野生食用菌研发运用基地”“云南省特色餐饮发展示范县”等美誉。

县境内，铜厂彝族乡、绿汁镇这些因铜矿兴旺，也因铜矿资源枯竭而一度生存艰难的地方，如今又因野生菌而生机勃勃，成为规模性的菌山。菌丰源、仙菌缘、林海菌园、菌茂庄园、瓦岗寨、甜荞山菌子园等“森林人家”，是政府认可的，依托当地森林生态资源，融森林文化与民俗文化为一体，为游客提供生态友好型的休闲观光聚集区。在这里，可以上山捡菌，也可以游玩餐饮。如今的易门县，依托诸多菌山资源，野生菌产业链日趋成熟。

武定狮子山

号称“西南第一山”的武定狮子山，位于楚雄彝族自治州武定县城西3000米处，主峰海拔2452米，因形似伏卧的雄狮而得名。据说，狮子山最早的时候叫通天山，有凡人顺势而上直达天庭，吓得玉皇大帝即命雷公将其劈断，形成百丈悬崖。拦腰劈断的通天山，凡人不知缘由，又改称“谁劈峰”。留恋“谁劈峰”美景的九十九条白龙，战败于一头雄狮，此山于是成了“狮子山”。白龙四散逃逸，留下月牙潭，从此滋润着狮子山，孕育了茂盛的森林花草、野生菌类，哺育了众多鸟兽鱼虫。

武定人对野生菌多有偏爱。如有着“雪裙仙子”“山珍之花”别称的竹荪，长大后如盖钟形，一围细致洁白的网状裙纱从菌柄顶端长长地向下铺展，武定人特意给它取名面纱菌，十分形象可爱。雨季来临，狮子山上长满牛肝菌、青头菌、奶浆菌、牛肝菌、鸡㙡、松茸等30多种野生食用菌。尤其是火把节前后，“火把鸡㙡”破土而出，更是吸引着众多爱菌之人。武定野生菌年产量可达8000吨。

狮子山所属的乌蒙山脉，也是云南野生菌的重要产区。矗立在滇东高原北部，起于云南又止于云南的乌蒙山，是滇东高原最大的一列山地。庞大的山脉网络中，有许多海拔高于3500米的山峰，如大牯牛山、小牯牛山、石岩尖、大海草山、药山等等。《东川府志》中记载的“重岗绝山，高三十余里，危峰矗立，常有云气覆之，每当晴日，苍翠欲滴，滇中四五百里皆见之”，说的就是牯牛寨峰的风光。牯牛寨峰是乌蒙山的主峰，位于今曲靖市会泽县，与昆明市东川区接壤。地处乌蒙山地的云南15个县，都是野生菌的生长地。以曲靖为例，境内马雄山、十八连山、香炉山、翠峰山、朗目山和菌子山，都可称为菌山，盛产土褐牛肝菌、粉红菇、青冈菌、马桑菌、灵芝、鸡㙡、野生椴木花菇、牛肝菌、干巴菌、松茸等100余种野生菌。

大理苍山

苍山位于云南省大理白族自治州中部，洱海西岸。苍山野生菌品种十分丰富，捡菌季，鸡㙡、牛肝菌、干巴菌、鸡油菌、青头菌、羊肚菌、谷熟菌、黑虎掌菌、奶汤菌等20多种野生食用菌都能捡到。当地向导一般建议从苍山脚下的玉带路上山，野生菌就藏在沿途森林里的草丛里。

苍山的十九峰十八溪，到处生长着野生菌。除了常见菌种外，这里还有长相难看的远东疣柄牛肝菌，俗称“陈香菌”“黄赖头”“老虎头”。还有一种蛹虫草，是麦角菌科虫草属真菌，又称北虫草，大刺刺长在枯枝落叶上，如同一簇簇盛开的黄花。不熟悉的人若是摘下，势必是要尖叫的，因为这种菌寄生在鳞翅目幼虫的茧和蛹上。作为底座的虫子越肥大，菌簇就越盛大艳丽，拿起来，虫子样貌清晰可见。

苍山地处横断山系云岭山脉中支的南端，由于雄伟高大的喜马拉雅山系在苍山结束，它又被称为“世界屋脊的屋檐”。苍山再向南延伸，就到了无量山。无量山是我国西南地区的重要生态安全屏障，属于云岭余脉的西支，以“高耸入云不可跻，面大不可丈量”而得名。20余条河流分布在无量山东西两侧，独特的地理位置，复杂多样的气候类型，孕育了种类繁多的野生动植物资源，成为珍稀动植物和野生菌的荟萃地。钟灵毓秀之地，美景如画，因拍摄《天龙八部》而改名的“剑湖”就在此地。倘若真有侠客，这7583公顷的无量自然保护区，修炼之余，恐怕还能“御剑捡菌”。

每年早春，无量山樱花盛放，茶香蔓延，野生菌亦饱受熏陶，清丽非常。木耳、香菇、青头菌、茶树菇、鸡㙡、牛肝菌、青头菌、松茸、鸡油菌、羊肚菌等，在无量山都能见到，更有“菌王”出产。2018年，大理南涧无量山发现一朵重达3.2千克的大鸡㙡，菌身长48厘米左右，菌帽长约12厘米；2021年，普洱景东无量山发现一朵巨型野生牛肝菌，重达4.2千克。如此野蛮生长的菌，也让无量山声名大噪。

普达措国家公园

迪庆藏族自治州香格里拉市普达措国家公园，位于“三江并流”世界自然遗产地核心区域内，海拔最高点4670米，最低点2347米，有着最适宜松茸生长的环境。世代居住在其中的洛茸村村民们，放牧着自家牦牛、马匹的同时，也肩负着森林的日常养护。而时令一到，他们还顺便捡捡菌子，主要就是采松茸。

普达措国家公园有多处断层崖、林间小涧、深沟峡谷等，包含了较为原始完整的森林、河流峡谷、湿地湖泊、高山草甸、沼泽、冰川雪山等生态系统，是复合生态系统的典型代表，也是世界级的物种基因库。多样的高原森林类型和土壤种类，孕育了松茸、竹荪、灵芝、牛肝菌、谷熟菌、青头菌等约150种野生菌，更是有名的松茸重要产区。

迪庆州松茸年产量约占全国松茸总产量的70%，世界总产量的33%，称其为我国的松茸故乡也不为过。如今，“香格里拉松茸”以42.13亿元的品牌价值，荣获2023年中国松茸类区域品牌第一名。

离普达措不远，同处“三江并流”的高黎贡山，山体被广袤的原始森林覆盖，山脉跨越多个纬度带，河流纵横。山与水的相交，形成极为壮观的垂直自然景观和立体气候，是世界上生物多样性十分突出的地区。拥有着“世界物种基因库”“世界自然博物馆”“生命的避难所”“野生动物的乐园”等美称。高黎贡山雪线以下的原始森林，时令一到，香菇、银耳、牛肝菌、青冈菌、青头菌等无数野生菌竞相冒头，产菌实力有目共睹。

云南各地大小山峰，其实或多或少都有野生菌产出，虽然放在头部菌山面前产量不算突出，但它们的存在，无一不印证着云南“野生菌王国”的实力。要我说，将整个云南视为一座巨大菌山，也未尝不可。

捡菌去

“捡菌嘎？”

上山时若听到这样的招呼声，意味着云南一年一度的野生菌副本已经刷新。潜伏了一年的捡菌人，摩拳擦掌，准备接收新的野趣。

一个“捡”字，道出了野生菌惊人的生长数量。但并不是所有看到的野生菌都能捡，刺客无处不在，且具有相当的迷惑性。没有经验的朋友，还是谨慎谨慎再谨慎。

云南人捡菌，一般说的是“菌找人”。人在菌子面前，是被动的。有缘者，菌子们自会找上你，走过路过，哪怕摔一跟头，菌子都在眼前。无缘者嘛，把整座山翻过来，可能也毫无收获。既上山，趣是首位。云南有许多菌山，也有许多捡菌的路线。感兴趣的朋友可以前往一探究竟。

昆明周边捡菌处

宜良县小哨村

路线：昆明市区→汕昆高速→小哨野生菌生态旅游村

距宜良县城29千米的狗街镇小哨村，是云南省第一家以野生菌为特色的生态旅游村。15000多亩的林地面积，盛产干巴菌、牛肝菌、青头菌、谷熟菌等各类野生菌，捡菌最佳时节是每年的6月中下旬到11月中旬。体验捡菌乐趣的同时，可以到彝家小院品尝本地土鸡炖野生菌。另有太阳谷、大叠水瀑布、彝龙湖、石板河等风光可供游玩。值得一提的是，这里是云南最大的干巴菌产地，不过，能不能捡到干巴菌，除了耐心，还需运气。

倘若收获不多，还能在这里买到当地人售卖的新鲜野生菌。想吃菌子宴的，可以到农家乐里尝鲜，或者请餐馆帮忙加工捡到的野生菌。素炒干巴菌、火腿炒青头菌、青椒牛肝菌，都是这里的特色美味。

晋宁

路线A：昆明→昆玉高速→牛恋收费站→走“上（蒜）六（街）”公路→六街镇“菌街子”

六街镇的菌子街很有名，有牛肝菌、干巴菌、鸡㙡、松茸等20余种优质野生菌。吃菌季，整天人来人往，仅一个“乡街子”，野生菌日交易量竟然可高达5吨。上山捡到菌子的农户们，把一筐筐的菌子放在路边，好像在夹道欢迎远方的客人。捡菌的游客下山，吃饱喝足，可以再购买一些带回家。

路线B：昆明→昆玉高速（或高海公路）→晋宁县→宝夕公路→夕阳彝族乡

夕阳彝族乡与安宁的青龙峡交界，水稻梯田层层叠叠。一路除了能捡干巴菌、鸡㙡、松茸和牛肝菌等，还可以戏水游玩，或到核桃园生态旅游区内休闲。

石林

线路：昆明→G78汕昆高速公路→G80广昆高速→S42石那高速→圭山出口（圭山收费站）→海普公路→九石阿旅游公路→圭山寺公路→圭山寺停车场

石林不但有鬼斧神工的喀斯特地貌，野生菌资源也十分丰富，松茸、牛肝菌、谷熟菌、鸡㙡、干巴菌、青头菌、铜绿菌、白奶浆、荞面菌等都能捡到。当地野生菌俗名相当有趣，比如小黄脚、小花脚、红大脚、梳子菌、黄赖头、刷把菌等等。去石林捡菌，顺便就能一日游。到中国阿诗玛文化发祥地——老圭山，石林、弥勒、泸西三个坝子尽在眼底。

其他州市

除了昆明，云南其他州市还分布有不少“菌子窝”，境内山林，几乎都能捡菌，路线并不十分固定。

楚雄

楚雄是云南重要野生菌集散地之一，说这里遍地都是野生菌也不为过。南华、武定、禄丰、大姚、牟定等县，都是优质野生菌产地，盛产品质优良的干巴菌、牛肝菌、见手青、青头菌、鸡油菌、刷把菌、火把菌、虎掌菌、香菇、木耳、松茸、松露、鸡枞等。

南华，野生菌最为集中的地方。170 万亩野生菌生长的林地面积，松茸、块菌、牛肝菌、鸡油菌、鸡枞、青头菌、虎掌菌无一不有，名副其实的“野生菌王国”。同时，南华也是第一个给野生菌过节的县，从 2003 年 8 月开始，举办“中国南华野生菌美食文化节”至今。爬鹦鹉山，游咪依噜风情谷，都要小心，野生菌可能就在脚下。

武定，离昆明近，还被昆明人戏称为昆明的“菌子窝”。“西南第一山”——武定狮子，是一个被天上神仙与人间帝王眷顾的好地方，也是去捡野生菌的好地方。

禄丰，野生菌品种多，路边山林都可尝试，常见的有青头菌、香蕈、木耳、牛肝菌、大把菌、松毛菌、冷菌、荞面菌、黄罗伞菌、鸡油菌等。

永仁，位于滇川交界，常年聚集着大量攀枝花游客。方山风景区集游玩、捡菌、吃菌于一体，县城还有两个特供野生菌的菜市场。永仁每年产鲜松露 50 多吨，约占全国松露产量的四分之一。“永仁松露”已被认定为国家生态原产地保护产品。

玉溪

玉溪易门县，有“滇中水城，菌乡易门”的美誉，野生菌种类多、分布广、产量大。干巴菌、鸡㙡、牛肝菌、青头菌，见手青、鸡油菌，松茸，竹荪、羊肚菌、谷熟菌等多个品种不胜枚举，因种类众多而受到上海大世界基尼斯纪录认证，是滇中野生食用菌的重要来源地。每年的七八月份都会举办“中国（云南）野生食用菌交易会”。

曲靖

曲靖市位于云南省东部，地处云贵高原中部滇东高原向黔西高原过渡地带的乌蒙山脉，是云南野生菌的重要产区，有牛肝菌、松露、鸡油菌、干巴菌、鸡㙡、青头菌等近200种野生菌，年产量近万吨。

曲靖马龙、沾益、师宗，都是曲靖野生菌主要产区。尤其马龙区的马鸣乡，盛产干巴菌，平时常见的牛肝菌、青头菌、松毛菌、刷把菌、冷菌、荞面菌、鸡油菌、黄罗伞菌等可食用野生菌，在这里也都能捡到。

大理

大理宾川、剑川、祥云等地的山上，都可捡松茸、羊肚菌、牛肝菌等。谷熟菌和冷菌，在大理各有拥趸。这两种菌产量极低，是招待贵宾的佳肴，喜爱者甚至认为它们味美超过鸡㙡。

丽江

丽江的虎掌菌最有特色，生长在高山悬崖处，喜欢藏在深深的草丛里。其他如见手青、青头菌、干巴菌、鸡纵等野生菌，也可在周边山中捡到。

红河

红河石屏县以盛产竹荪菌而闻名，也有松茸、干巴菌、牛肝菌、青头菌等上百个品种。

迪庆

迪庆香格里拉盛产松茸，建有中国最大的松茸交易市场。由于海拔较高，当地野生菌上市时间比其他地方稍晚。山多林深，路边和景区都能捡到野生菌。但独自深入原始森林可能遭遇危险，最好有当地人做向导。

食菌好去处

云南的食菌历史，最早可追溯到商朝初年，《逸周书·王会篇》中已记载过，"濮人"以"菌"为贡。在数代云南人孜孜不倦的"试毒"下，云南野生菌享誉国内。所谓"山珍海味"，野生菌可当得真正的"山珍"。

烹饪野生菌的餐馆多如牛毛。我在美食界亦毫无威信可言，各人钟爱之味又实在是个主观且偏颇之事，只能斗胆在有限的视野中挑出几家，供诸君参考。

山海滇菌印象，是我无意中发现的一个野生菌餐馆。昆明地铁1号线，从福德站D口出站，去往云南木水花野生菌市场的中途，便可看见了。在野生菌市场旁边开野生菌餐馆，这不是完美匹配么？想吃头水菌，此处占据天时地利，必能达成所愿。老板20世纪80年代就开始卖菌，后来才有了餐厅。源头保障，识菌保障，既新鲜，又不用担心误食毒菌。餐厅面积4000平方米左右，有包房30余个。一进门，展示柜里菌子荟萃，光是看看，就让人垂涎欲滴。中庭水池清透，有一仿真菌岛，仿若童话世界。不熟悉吃菌流程的客人，只需根据用餐人数选择店内搭配的套餐。既有土鸡养生锅底，搭配松茸、牛肝菌、老人头、冷菌、竹荪、青头菌、香杏拼盘的野生菌火锅；也有干椒红牛肝、烩谷熟菌、白参蒸水蛋等特色菜，还可加一份经典的牛肝菌炒饭。人均消费100元内，就能享受到丰富的菌味。野生菌不同于其他，对于不熟悉野生菌烹饪的朋友，不建议打包，回家自热和再加工，不排除会发生性状改变，有中毒风险。

如同山海滇菌印象，主打野生菌套餐的美食店，昆明有很多。关上就有食菌一条街，野生菌餐饮店一家挨一家，铺铺相连。不论牛肝菌、鸡㙡、松茸，还是其他杂菌，应有尽有，煎炸、煸炒、菌火锅，招式齐全。各个店家做出来的野生菌菜品各具特色，吸引着大量市民和游客。

因菌而生的美食店由于搭配的野生菌品种不同、野生菌产地不同，或者是来源渠道不同，价格高低不一，随行就市。以2023年6月份双人餐为例，一朵菌野生菌火锅、菌故野生菌火锅、菌彩野生菌火锅、菌寨子铜锅野生菌等连锁店，价格普遍在200元上下。其中，一朵菌野生菌火锅多年前诞生于南华，后才在昆明遍地开花。1997年以前，老板在楚雄州南华县经营一家土鸡野生菌火锅，颇受欢迎。2018年，老板到昆明滇池路亚太美食城开店，并取名“一朵菌”，延续原来备受欢迎的野生菌火锅生意。正宗的土鸡汤锅底，色泽金黄透亮，加少许火腿片提香，一端上来就能闻到浓浓的鸡汤味。鸡汤滚开后，加入黄牛肝菌、青头菌、见手青、黄罗伞、竹荪、鸡油菌、老人头等野生菌，计时开煮。店家为了食客的安全，可以食用时会有专门的服务员告知。一碗浓汤下肚，菌香四溢。

此外，也有许多不冠“菌”名的餐厅，同样能吃菌，如老滇山寨（气锅菌子肉饼、浓汤煨野生菌）、鑫迈伦·宣威菜馆（野生菌炖鸡）、麻辣味干锅鱼（野生菌土鸡火锅）等等。

名不见经传的城边，也可能藏有惊喜。譬如：

小石锅鱼餐厅，位于海屯路新域盛景花园二期。这是一家昆明人熟知的老店，最早在马街旁边的一个村子里经营，食客从村子里一直吃到现在的新地址。平时卖石锅鱼，有野生菌的季节，就做野生菌，价格实惠，时常可以看到员工在门口清洗野生菌。忠粉太多，生意火爆，已然成为新晋“排队王”。石锅鸡汤野生菌、特色石锅鱼、洋芋焖饭、咸鸭蛋炒桂果，以及各色炒菌，都值得一试。

玉溪陆顺饭庄，位于云南省昆明市五华区黑林铺前街191号，地道玉溪菜，兼以野生菌闻名。做菌二十余年，是昆明人不舍得对外分享的私藏餐厅。这个隐藏于昆明城边的小饭店，地处城中村却顾客盈门，无淡旺季之说，曾得多家媒体报道。鸡㙡、青头菌、牛肝菌、鸡油菌等，从名贵的到平价的总共几十种，都是当天从玉溪直接发货到餐厅，食客现点现洗现切现做，保证新鲜。陆顺饭庄曾名盛一时的掌勺人尹继彬，人称“玉溪菌王”，脆炒黄牛肝、青椒杂菌、炒干巴菌，至今都是店内招牌。

走出昆明市区，距昆明主城区1小时车程的晋宁区青龙路安居家园，有一家双喜农庄，门楣朴素，用餐大厅宽阔，上下两层。进门就有服务员带去招牌前点餐，菌火锅和炒菌都有，还有特色的干巴菌炒饭、菌子蒸饺和卤鸭。晋宁有菌山，因此野生菌价格相对实惠，且能保证当天现采现做。黄牛肝菌、青头菌、鸡油菌、水白葱菌、鸡㙡、红葱菌，混合晨露清香，鲜甜非常。

晋宁金石锅，位于晋宁区213国道乌龙村委会新房村，也是多年老店。门口一大只金石锅，门廊上一条金黄栏杆，嵌着“老店金石锅仅此一家”几个红色大字。有菌时节，原料是都是新鲜野生菌；无菌时节，则有冰冻存货，一年四季供应。在客人点餐的时候会做说明，并告知客人什么时候能吃到大量的新鲜野生菌。这家石锅菌名副其实，特色菌汤是用石锅炆熟的。石锅中放入野生菌、鸡肉，还要盖上草帽锅盖，用蒸汽“煮”熟。食材风味彼此交融，层次丰富。周末节假日，排队等位的人太多，店门口竟逐渐汇聚出一个小市场，售卖晋宁土特产。

时间再宽裕些，便能走远。

从昆明出发，约一个半小时车程，到楚雄州武定县罗婺彝寨。武定狮子山上，生长着大量干巴菌、鸡㙡、青头菌、牛肝菌等野生菌，是一处“菌子窝”，自然吃菌的人也就“扎堆”。捡菌人捡到背不动，就下山，到罗婺彝寨野生菌交易区售卖，或者直接供应给餐馆。第一手的新鲜食材，加上颇具钻研精神的厨师，美食一条街的火锅，以多种野生菌的精妙配比而俘获人们味蕾。店家推荐必配的有见手青、鸡枞、青头菌等近十种，而野生菌的汤锅，必然少不了有名的“武定壮鸡”。食客先自行选择偏爱的菌类，店家再推荐其他搭配，双方认可后下锅。星期六，我和家人到罗婺彝寨，停车场已经停满了各地牌照的车辆。野生菌火锅店飘满菌香，几乎每家都排队。一天之内吃了随意选的两家，品不出个高低，每家都有自己的独门搭配。同食客交流，大家都说自己吃到的是“第一家”配方，难以溯源。在罗婺彝寨吃菌，紧要的一点就是要听劝，万勿贪心。家人饥肠辘辘，自诩能吃下一头大象，谁知四人点一个中锅，只吃完三分之二。在武定，除了罗婺彝寨吃现成，还能去狮子山捡菌，自己带回家烹饪。不过还是那句话，牢记云南吃菌的“三熟”秘诀：对菌子种类要熟；菌子一定要煮熟；去医院的路要熟。虽是玩笑话，但时刻莫忘食菌安全。

同属楚雄地界的南华县，从昆明驾车出发两个半小时，持有“中国野生菌美食县”名片。南华作为野生菌名产地，有野生菌餐饮单位300多个，主打品种有松茸、鸡枞、干巴菌、牛肝菌等。火锅、清炒、鲜炖、冷拼，做法多样。在南华，能吃到特色菜品50多种，如百合鸡㙡虾、上汤鸡㙡、菌汁水晶鲜虾卷、松茸比萨饼、鸡㙡白菜、白玉上汤鲜鸡㙡、山珍佛跳墙、松露酱面条、风味牛肝菌、松茸鹅肝煎土司、金汤小米羊肚菌、玫瑰鸡㙡包、牛肝菌烧鹅、山珍招财手、锦绣松茸等。仅2023年野生菌美食文化节期间，全县共接待游客13.59万人次，实现餐饮营业额收入3290.03万元。

南华野生菌交易市场隔壁，有一家山菌美食苑，可以加工食客自购的野生菌，一个菜加工费20元。加工前，热心老板娘仔细检查了一遍我们拎着的青头菌和黑虎掌菌，竟给挑出两朵毒菌来。老板娘说："这里经常有客人自带野生菌来加工，都要一朵一朵检查，有毒的，不认识的都不做。"猪油炒的干椒红葱菌脆爽，青椒烩的青头菌鲜嫩，爆炒的黑虎掌香糯，土鸡火锅里的鸡油菌和黑牛肝菌一不注意就全滑下了肚，吃得我们扶墙走。类似的餐厅，充斥着南华的大街小巷。

南华县城以北10千米处的龙川镇岔河村，咪依噜风情谷正位于此。南永公路（二级公路）贯穿整个风情谷，交通便利。岔河村入选了文化和旅游部第二批全国乡村旅游重点村，电影《通天长老》《大峡谷》，电视剧《新娘出嫁》《火的民族》还在这儿拍摄过外景。登青山，捡菌子，再回到景区，于众多农家乐随机挑选一家，都能整出一桌菌子宴。菌子宴加彝族羊汤锅，再搭配彝家热情阿表哥、阿表妹的动听留客歌、送客调，真正是"走是要走喽，舍是舍不得"。

先读者言

中华老饕们在“酸甜苦辣咸”的五行山下压了五千年，突然一拍大腿：“还缺点嘛？哦对，得鲜！”在味精还没出现之前，菌菇们就靠着祖传的“核苷酸魔法”，成了古人的天然味觉外挂。

不过老祖宗用生命总结出来的吃菌指南告诉我们：这玩意儿和抽盲盒一个道理——可能香迷糊，也可能躺板板。我们天津人在这方面就非常稳重——涮羊肉永远只配杏鲍菇、金针菇和香菇，不是我们不懂创新，主要是惜命。

要说野生菌的“迪士尼乐园”，那必须提名云南：欧洲人当宝贝供着的松露，为嘛在这儿可能还没大妈们的砍价声值钱？光看书，就觉得自己前半生吃的哪里是菌啊？等哪天攒够钱，必须去云南开启“舌尖上的奇幻漂流”，顺便背口砂锅回来——普通锅配不上“吃完可能看见七彩小蘑菇人跳舞”的尊贵体验。

——佳佳（天津）

初见本书，封面上形态各异的菌子如同一把钥匙，瞬间打开了云南野生菌的门。

书中云南菌子产地图映入眼帘，让我联想到记忆中的粤北菌菇产地。正文更是精彩，每一部分都用引人入胜的文字围绕主题讲述。“食菌好去处”中云南的菌子火锅，恰似广东的打边炉。“食谱贴士”中的清汤谷堆菌和广东人经常煲的靓汤相似。

《滇菌俏》好像一位热情的向导，不仅带我体会云南菌子的独特魅力，还让我将广东美食和云南菌子联系在一起。虽然广东和云南相隔千里远，但对美食的热爱早已将两地变成了一家人。

——哈哈果（广东）

说起和蘑菇的缘分，还是小时候老妈带着我去杨树林里找蘑菇，煮汤或者清炒，它清香的味道一直存留在我的味蕾记忆里。

印象中只有云南叫蘑菇为菌子，书里的三十六种野生菌，我仅知道七种，也只吃过鸡腿菇和羊肚菌。光是看这本书，就让我感觉到了“野生食用菌王国”的丰富多彩，如果有机会到云南品尝，那将成为我终生难忘的记忆。

用云南菌子这张名片做媒介，我们能够感受到云南的风土人情和他们独有的生态文化。读了这本书，我对云南更向往了，对云南的菌子更想多多品尝啦！

——胡小茄（江苏）

很长一段时间内，我都无法理解云南的菌子为何对人有那么大的诱惑，即使每年都会有人因为食用菌子而住院，但是依然会有那么多热爱美食的人在吃菌子的季节千里迢迢坐飞机去云南赴一场菌子之约。

直到我有机会在饭馆第一次吃到云南的菌子时，美味在吃进嘴里的瞬间弥漫开来：它的丝滑口感，没有牛羊肉的油腻，不似蔬菜的清淡，调和了蔬菜与肉类的优点，具有不可多得的独特滋味。在菌子面前，其他美味佳肴都得退居其次。

——随风（河北）

《滇菌俏》中的一个个小故事，像一颗颗投入心湖的石子，激起了我强烈前往云南的渴望。书中最让我心驰神往的，莫过于见手青的部分了。这小小的菌子，以其独特的变色特性和难以言喻的鲜美，早已是我餐桌上的挚爱。书中对其独特口感和极致鲜味的描绘，精准地击中了我记忆中的味觉开关，那鲜香仿佛在舌尖萦绕，忍不住口舌生津。这份阅读体验带来的愉悦，最终凝聚成一种非常具体而热烈的期待：我渴望踏上云南的土地，在菌子最肥美的季节，走进当地充满烟火气的餐馆或人家——那将是怎样的美味啊！

——钱星合（陕西）

《滇菌俏》写出了云南人对野生菌的情有独钟。

当森林中下起汪曾祺笔下“昆明的雨”时，我想和当地的捡菌人一起去偶遇野生菌，和三五好友吃一顿新鲜的野生菌火锅，那才是地道的菌类、地道的滋味。绘本中连打卡的火锅店都给我列出来了，主打一个贴心。我感觉云南人吃菌品的不仅是山野的味道，还是人情的味道，家乡的味道。

——席建超（河北）

当你发现自己中毒的时候，你的意识和人格已经不属于你了——第一段记忆是我炫完了两碗干椒炒见手青拌饭后的，再接续的记忆就是躺在床上操控自己的意识。人类意识在神经类致幻毒素全面掌控大脑时依然倔强地以为自己还是主导，于是我对左脑发号施令说“你，去想一点好玩儿的事情”。一瞬间，左脑为我展示了工业革命，展示了塞伯坦星球……于是我又下令右脑，“该你了”，魔王巨大的头颅从乌云里探出靠近我……

一整夜，我在两个世界中来回拉扯，直到早上头痛欲裂，果断去了医院。

——施俊龙（云南）

在看《滇菌俏》时，昆明正在下大雨，雨声让人充满了期待——雨来了，意味着菌子也要上市了。我看着书中各类菌子烹饪做法的绘图，不禁想起自己初中时第一次吃菌子。没错，作为一个云南人，我并不是吃菌长大的。因为老家的村子并不挨着大山，爷爷奶奶年纪大了，也不可能深更半夜带我去爬山捡菌。人生中第一次捡菌，幸运地让我发现了一窝完整的、无人采摘的鸡㙡！其鲜美的味道，让我从此念念不忘，每年必吃。

——青山相待（云南）

《滇菌俏》并不是一本简单的介绍云南野生菌的科普书，更像是一本我与野生菌的趣事百科。想想自己平常在超市买的各种蘑菇，突然很想去云南捡菌子。这也是我喜欢这本书的原因：书中提供了好几个捡菌子的菌窝，方便我们去实地感受，实在捡不到的话还可以去推荐的野生菌店去品尝美味，而几个野生菌交易市场，也加入必逛名单——已经开始期待云南之旅了。

——娜妞（陕西）

雨水是菌子生长必要的条件，其实不只是雨，云南的菌可以说是行踪诡秘，当你一个山头又一个山头认真寻找时，总是找不到。在失望之后回去的路上，却在不经意间就会发现路边的青头菌（我们当地人更喜欢叫青平菌），惊喜瞬间侵袭大脑。

每年七八月是野生菌的生长期，在这期间，有人早上四五点打着电筒上山找菌，可见云南人对菌子的热爱。马上7月了，又是捡菌子的季节，我多么希望带着这本《滇菌俏》去找菌子，让作家笔下的菌子与山中的菌子相见。

——牧牧（云南）

翻开《滇菌俏》，仿佛踏入云南雨后的山林，潮湿的泥土气息裹挟着菌香扑面而来：牛肝菌的肥硕、松茸的金贵、鸡㙡的鲜美……每一种菌子都宛如山林深处悄然孕育的精灵。然而云南菌子之美，不止于味蕾上的极致诱惑，最打动我的还是菌和人的联结——每种菌都在云南人的餐桌上、生活里、文化中留有印记。读罢掩卷，不禁感叹：那些山野的精灵，不只是美味，也是大地的信物，云南人采之、食之，在文化中尊重和印刻自然的馈赠，这是由人和自然共同谱写的美丽故事。

——睿睿（云南）

一到雨季，我最喜欢在云南菜市场寻觅那些色彩斑斓的菌子。这种山林对云南人的馈赠，吸引着老饕们趋之若鹜。而我更喜欢在深山密林处寻找这些小精灵，但也曾“毒发”到上吐下泻，进了医院。

我想野生菌这种“危险与美味”的文化混杂或许永远不会消失，这个看似非理性的饮食行为背后可能蕴藏着云南特有的文化密码。而这种矛盾情感也可能构成了野生菌饮食文化中最迷人的部分。

——周厘（云南）

一直以来，促驶我旅行的动力都是风景，但最直击我灵魂的竟然是野生菌：各种鲜菌像是有种魔力，把我的七魂六魄都勾了去，以至于我会为了一口菌汤，一遍又一遍地从河南飞向云南。大理的冷菌和青椒拥抱，丽江的鸡油菌在砂锅里翻滚，还有香格里拉的松茸在铁板上吱吱冒油……无疑都是对我们这些“外来人”的极致诱惑。

每次和云南的朋友聊天的时候，总是又羡慕又嫉妒他们——生长在那么一个得天独厚的环境里，每天都可以享受大自然的馈赠。从此以后，旅行的意义又多了一项：“吃云南野生菌，见七彩小人团。”

——薯条（河南）

大地幽暗的脉动，在雨后苏醒。这不是草木拔节的喧响，而是菌丝在腐殖质深处编织的、无声的密语。它们，是森林吐纳间最神秘的结晶，是光阴在潮湿土壤里淬炼出的“鲜”。古人啖菌，是一场与自然的危险共舞。步入市集，如同闯入造物主未及收笔的生物志异：鸡㙡破土的刹那，似有金石裂帛之声；干巴菌蜷曲如远古的符文，饱吸了松涛与日光；至于见手青的魔幻霓裳，更是大自然最狡黠的警告——美与险，在此共生共舞，难解难分。

——佳玉（云南）

图书在版编目（CIP）数据

滇菌俏 / 苏钰璇，杨祝良，张豫昆著 ； 简月宁绘. 昆明 ： 云南人民出版社，2025. 4. -- ISBN 978-7-222-23290-7

Ⅰ. Q949.3-64

中国国家版本馆CIP数据核字第2025GU9963号

项目策划： 尚　语　刘　焰　李明珠

责任编辑： 刘　焰

助理编辑： 李明珠

责任校对： 李　红

装帧设计： 唐　芸

封面设计： 简月宁

责任印制： 窦雪松

DIAN JUN QIAO

滇菌俏

苏钰璇　杨祝良　张豫昆　著

简月宁　绘

出　版　云南人民出版社

发　行　云南人民出版社

社　址　昆明市环城西路609号

邮　编　650034

网　址　www.ynpph.com.cn

E-mail　ynrms@sina.com

开　本　889mm×1194mm　1/32

印　张　6.5

字　数　160千

版　次　2025年4月第1版第1次印刷

印　刷　云南出版印刷集团有限责任公司华印分公司

书　号　ISBN 978-7-222-23290-7

定　价　78.00元

如需购买图书，反馈意见，请与我社联系。

图书发行电话：0871-64107659

云南人民出版社微信公众号